大阪大学総合学術博物館叢書◆14

ロボットから
ヒトを識る

河合祐司・浅田稔 編著

はじめに

浅田 稔　大阪大学大学院工学研究科・教授

　2017年4月26日（水）から2017年8月5日（土）まで、大阪大学総合学術博物館において、「HANDAIロボットの世界—形・動きからコミュニケーションそしてココロの創成へ—」と題する企画展示を行いました。開催期間中、同年5月13日（土）の午後、大阪大学会館講堂において、シンポジウム「HANDAIロボット展から始まるロボットとの共生社会」を筆者を始め、細田耕氏（大阪大学教授）、長井志江氏（情報通信研究機構主任研究員）、小川浩平氏（大阪大学講師）、武村紀子氏（大阪大学准教授）、山下里加氏（京都造形芸術大学教授）を交えて、講演会とパネル討論を開催しました。また、同年6月17日（土）の午後、吉川雄一郎氏（大阪大学大学院基礎工学研究科准教授）に講師をお願いし、ミュージアムレクチャー「ロボットたちの対話の仕組みを覗いてみよう」も開催し、企画展示、シンポジウム、レクチャーを通じて、大阪大学のロボット研究を紹介してきました。その特徴は、マシンとしてのロボット研究よりも生物よりのロボット研究、とくにヒューマノイドやアンドロイドの研究が盛んで、国際的にも有名です。それは、ロボット学が単に工学だけでなく、脳科学や心理学、社会学、さらにはアートにも通じ、幅広い分野が関わっている証拠でもあります。本企画展では、科学・技術・芸術の融合のパイオニアとして知られるレオナルド・ダ・ヴィンチのアンドロイドを展示順路の一番最初に展示しました。製作した2015年当時の最新技術を使ったアンドロイド製作過程もビデオで見ていただき、ダ・ヴィンチスピリットを満喫していただけたかと思います。これと一緒に、初期のアンドロイドや世界で初めて、人間との物理的相互作用を可能にしたCB^2や人間との共生を目指したさまざまなコミュニケーションロボットを展示しました。また、人間を始め、動物などの筋肉の動きを人工的に再現することで、柔らかかつしなやかな動きを実現する空気圧人工筋を使った二足や四足のロボット達もビデオと一緒に展示されました。これらは、筆者が研究代表を務めたJST ERATO浅田共創知能システムプロジェクト（2005～2011年）[*1]の成果の一部でした。

　筆者は、サッカーの世界チャンピオンを破ることを最終目標に掲げ、毎年世界大会が開催されているロボカップの創始者の一人であり、命名者でもあります。そして、2017年はロボカップの第一回国際大会から数えて、ちょうど20年になり、人間で言えば、成人になりました。そのロボカップに出場した阪大チームの足跡を展示しました。こ

企画展のポスター

　のほかにも公開の競技会を通じ、あるいは、社会での実証実験を通じ、将来人間社会で共生するロボットたちのココロの創成に夢を持つ阪大ロボット研究者の足跡も展示しました。本叢書では、展示しましたこれらのロボット達の詳細に加え、その背後にあるロボットを通じて人間を識るための試行錯誤の歴史も、少しですが、付け加えました。本企画展にご来場いただいた方々も、また、残念ならがご来場いただけなかった方々にも、本叢書を通じて、ロボット達との共生社会の未来に、共に想いを馳せることができましたら幸甚です。

＊1　科学技術振興機構(JST) 戦略的創造研究推進事業・総括実施型研究(ERATO) 浅田共創知能システムプロジェクト
　　 (http://www.jst.go.jp/erato/asada/)

目次

はじめに　浅田 稔　1

第1章　形・動きからコミュニケーション そしてココロの創成へ　浅田 稔　5

形・動きからコミュニケーション そしてココロの創成へ　6

第2章　アンドロイド―人間酷似型ロボット―　17

アンドロイド・サイエンス　小川 浩平　18

Repliee R1―5歳の子どもロボット―　小川 浩平　21

CB^2―Child-robot with Biomimetic Body―　池本 周平　23

Erica―ロボットの人間らしさ―　小川 浩平　26

レオナルド・ダ・ヴィンチアンドロイド―学際融合のパイオニア―　浅田 稔　29

第3章　柔らかく動く人工筋ロボット　33

柔らかな身体の知能　池本 周平　34

上肢ロボット―環境と触れ合うための柔軟性―　池本 周平　37

空脚K―跳躍における関節の連動―　池本 周平　41

三次元二足歩行ロボットPneumatシリーズ―歩行のための身体設計―　細田 耕　43

PneuHound―高速な四脚走行への挑戦―　細田 耕　45

Pneupard―身体に埋め込まれた歩行パターン―　細田 耕　48

第4章　コミュニケーションを促す子ども型ロボット　吉川 雄一郎　49

人と人をつなぐロボット　50

M^3-Synchy―人とシンクロするロボット―　52

M^3-Neony―人と触れ合うロボット―　55

M^3-Kindy―人と共に歩くロボット―　58

CommUとSota―実社会で人と関わるロボット―　61

第5章　ロボカップ・阪大チームの歴史　河合 祐司　65

ロボカップ　66

ロボカップサッカー・阪大チームの歴史　68

AIBO―愛くるしい犬型ロボット―　69

HOAP―希望を背負った二足歩行ロボット―　71

VisiON―五連覇を達成したヒューマノイド―　72

VisiON 4G―性能に磨きがかかった（FORGE）第四世代―　73

Tichno-RN―チームワークに支えられた大人サイズロボット―　76

Nao―多様な社会で人と共生する仲間―　79

第6章　イタリアからのコメント　81

Science and technology as elements of a sustainable paradigm　Fiorenzo Galli　82
持続可能なパラダイムの要素としての科学と技術　　フィオレンツォ・ガリ

The android of Leonardo da Vinci presented at "Museo Nazionale della Scienza e della Tecnologia" Leonardo da Vinci in Milano, September 2015　Giulio Sandini　85
2015年9月にミラノのレオナルド・ダ・ヴィンチ記念国立科学技術博物館で
お披露目されたレオナルド・ダ・ヴィンチのアンドロイド　ジュリオ・サンディニ

おわりに　88

参考文献　91

謝辞　93

執筆者　94

第1章

形・動きからコミュニケーション そしてココロの創成へ

浅田 稔 大阪大学大学院工学研究科・教授

形・動きからコミュニケーション
そしてココロの創成へ

1. はじめに

　「ロボット」と聞くと、多くの読者は、センサーやモーター、そしてそれらの情報処理にもとづき行動を起こすなどの工学的要素を思い浮かべるでしょう。実際、ロボットはそれぞれの要素からなり、それらが統合されることで、さまざまな作業を遂行することが期待されています。これまで、技術的な限界から、ロボットの形や動きは限定され、その思考さえも、非常に限られた能力でした。しかしながら、近年の人工知能やロボットを始めとする科学技術の進化と深化はめざましく、それらの限界を少しずつ越えつつあります。これまで、ロボットの形、動き、思考はそれぞれ個別の分野で研究されることが多かったのですが、統合することで初めて行動できるロボットを設計・作動させることは、これまでの分割して、詳細を解析する科学の方法論に対し、さまざまな学問分野の知恵をかき集め、対象のモデルを人工的に構築し、その挙動を検証することで、構成的に科学する方法論の可能性を示しています。その一つが、筆者らが提案し、研究を進めている「認知発達ロボティクス」です。

　考えてみれば、500年以上も前に、すでにそれを実現していたのが、レオナルド・ダ・ヴィンチです。科学・技術、そして芸術とあらゆる分野に秀でており、というよりも、もともと分野の境界が存在しなかったことに意味があります。もし、今、ダ・ヴィンチが生きていたなら、必ずやロボット研究者、開発者、そして芸術家になっていたでしょう。そんな思いをレオナルド・ダ・ヴィンチのアンドロイドの製作として、結実させました。本章では、そこに至る筆者の研究活動の経緯を、順に追って描いていきます。

2. はじまりは強化学習による
サッカーロボット

　1992年の春、助教授（現在の准教授）でありながら、一研究室を任されたとき、これまでと異なるロボットの分野を画策していました。恩師の辻三郎教授（現在、大阪大学名誉教授）が教え子達を誘って、強化学習の勉強会に参加したことがきっかけとなり、強化学習の虜になってしまいました。それは、環境からの報酬（褒め言葉や叱咤激励）を頼りに、自ら行動を学んでいく枠組みに、それまでロボットの知能化に悩んでいた自分の迷いが吹っ切れたように感じたからです。もちろん、実は、そんなにあまい話でないことは、すぐに判明するのですが。

　最初に学生達と取り組んだのは、サッカーロボットでした。もちろん11対11の試合をできるはずもなく、一体のロボットがボールをゴールにシュートするといった一見単純な動作です。われわれが強化学習を実ロボットに応用する以前は、格子状の上下左右の動きしかないトイワールド（非常に簡単化された環境）における、一回の動きで状態（位置の座標）が遷移する理想的な状態・行動遷移のコンピューターシミュレーションが中心で、そこでは問題にならなかった状態と行動のちぐはぐさや膨大な試行時間などが実ロボットでは、浮き彫りになりました[1]（日本ロボット学会論文賞、図1）。ロボットでサッカーをする競技会「ロボカップ」については、第5章「ロボカップ・阪大チームの歴史」をご参照ください。

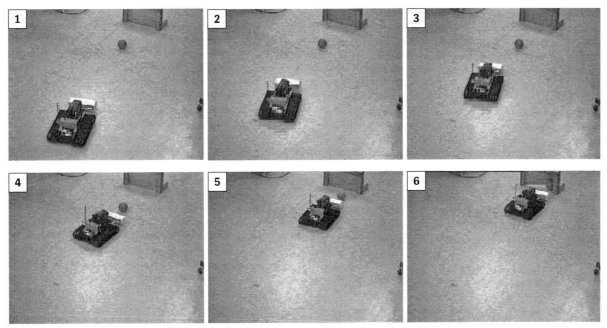

図1. 強化学習後にシュートするサッカーロボットの動き

3. 認知発達ロボティクスの挑戦

認知発達ロボティクスとは、従来、設計者が明示的にロボットの行動を規定してきたことに対し、環境との相互作用から、ロボットが自ら行動を学習し、それらを発達させて、高度な認知能力を獲得していくためのロボット設計論です[3]。

認知発達ロボティクスの焦点は、ロボットが環境との相互作用を通して、世界をどのように表現し行動を獲得していくかといった、ロボットの認知発達過程にあります。特に、環境因子としてヒトや他のロボットの行動がロボット自身の行動をどのように規定していくかという過程の中に、ロボットが「自我」を見出していく道筋が解釈できるのではないかという期待があります。このように環境との相互作用をベースとして、その時間的発展に焦点を当て、脳を含む自己身体や環境の設計問題を扱う研究分野が認知発達ロボティクスです。

ヒトの認知に関する研究は、従来、認知科学、神経科学、心理学などの分野で扱われてきました。そこでは、さまざまな形で、ヒトの認知過程を説明してくれますが、それだけでは、ロボットを設計できません。認知発ロボティクスでは、説明だけではなく、設計できるほどの理解を目指していま

す。そうでないとロボットを造って動かすことができません。しかしながら、人間理解という共通基盤をもとに、工学的アプローチからは、「システム構成による仮説検証や新たな認知科学的仮説の生成」が、認知科学、神経科学、心理学などの分野に提案され、逆に、これらの分野から、「システム構成への仮説」が工学的アプローチに提案され、相互フィードバックによる認知発達モデルの構成と検証が可能です。それが認知発達ロボティクスの一つの理想形です（図2）。

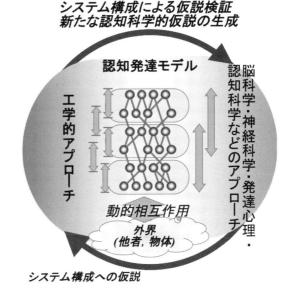

図2. 認知発達ロボティクスの概念

認知発達ロボティクスを支える重要かつ基本的な考え方は、「身体性」と「社会的相互作用」と呼ばれるものです。これらについて説明しましょう。ロボットで「身体」とは当たり前すぎると思われるかもしれませんが、ロボットが「経験、学習、発達」するために、身体を持っているということ、すなわち「身体性」が重要です。それは、以下のことを意味します。

1. まわりの環境やロボット自身の姿勢、バッテリー不足などの自分の状態を感じる能力、環境に働きかける運動能力、それらを結ぶ情報を処理できる能力は、密に結合していて、分けることができないこと。

2. 限られた感覚の種類や能力、運動能力、さらに処理能力の範囲で目的を達成するために、環境との相互作用を通じて学習できること。

3. 学習した結果をさまざまな状況に適応し、さらなる学習に進展（発達）できること。

これらは赤ちゃんの発達を考えると、理解しやすいでしょう。この身体性の役割に加え、養育者をはじめとする他者の関わりが、赤ちゃんのさまざまな能力を助長していると言われています。これが社会的相互作用です。たとえば、養育者が、赤ちゃんの行動を助けてあげたりすることで、運動能力が向上します。また、養育者が大丈夫だよと笑顔で対応することで、赤ちゃんが自信をもって行動できる場合もあります。さらに、養育者は赤ちゃんの発達度合いにより、対応を調整します。これも社会的相互作用の一面です。

認知発達ロボティクスの設計論は、以下にまとめられます。仮説や計測対象などは、既存分野の知見を表層的に借りるのではなく、新たな解釈や、さらには修正を迫れる内容にすることが肝要です。

A）認知発達の計算モデルの構築手順
　1. 仮説生成：既存分野からの知見を参考にした計算モデルや新たな仮説の提案
　2. コンピューターシミュレーション：実機での実現が困難な過程の模擬（身体成長など）
　3. 実エージェント（ヒト、動物、ロボット）によるモデル検証　→　1へ
B）ヒトを知るための新たな手段やデータの提供
　→ A）との相互フィードバック
　1. イメージングによる脳活動の計測
　2. ヒト、動物を対象とした検証実験
　3. 新たな計測手段の開発と利用（提供）
　4. 再現性のある（心理）実験対象の提供

認知発達ロボティクスでは、特に、ヒトの赤ちゃんに焦点を当て、それを出発点として、認知発達ロボティクスの方法論を駆使して、ヒトの認知発達の過程を明らかにするともに、ヒトと共生するロボットの設計論を明らかにすることを目的として、集中的に研究が実施されてきました。図3は、筆者の研究プロジェクト（JST ERATO[*2]浅田共創知能システムプロジェクト）[*1]で立案し、実施してきた研究例です。大きく二つの様相が考えられます。最初に個体ベースの認知発達（図上部）、後に個体間の相互作用による社会性の発達（図下部）で、脳科学／神経科学（内部メカニズム）や認知科学／発達心理（行動観察）がそれぞれに関係します。解析や検証実験のためのプラットフォームを開発し、神経科学を基盤とした計算論的発達モデルを埋め込んだり、発達心理の知見を参考に

＊2　ERATOとは、Exploratory Research for Advanced Technology、（独）科学技術振興機構が2002年度よりリスタートさせた戦略的創造研究推進事業の総括実施型研究の名称。「ERATO」はギリシャ神話の詩の女神を表す。

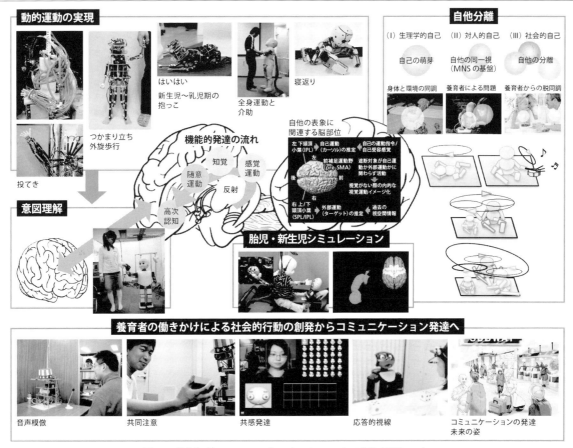

図3. 共創知能システムプロジェクトによる認知発達モデル

科学技術振興機構「ERATO」浅田共創知能システムプロジェクト（別冊日経サイエンス179「ロボットイノベーション」「動き・かたち」と「思考」のサイエンス」浅田稔 編より許可を得て転載）

した社会的相互作用モデルによるヒトの行動解析を通じて、認知発達原理を追求します。そのことにより、神経科学と発達心理のギャップを埋めるだけでなく、新たな科学の勃興を目論んでいます[4]。それを、形・動きからコミュニケーション、そしてココロの創成の観点から眺めてみましょう。

4. 月齢・年齢に応じた ロボットプラットフォーム達

認知発達ロボティクスでは、発達を扱うためか、よくある質問は、「ロボットは物理的に成長するのですか？」です。現状で答えはノーです。生命と機械の融合を目指すウエットタイプロボティクスでは、各器官の発生過程を人工的に再現するなどの研究が行われています[*3]が、われわれが求める認知発達の過程までには、時間がかかりすぎることなどの問題から、先の研究プロジェクトでは、月齢・年齢に応じたロボットプラットフォームを構築しました。

図4に発達月齢に応じたロボットプラットフォームを示します。マイナス月齢児、すなわち胎児の場合は、コンピューターシミュレーションで対人共創知能グループ（東京大学國吉教授グループ）が担当しました。当初は、およそ200個の筋肉、それに応じたニューロン数でした[5]が、最近では260万ニューロン、53億シナプス結合で、より詳細なシミュレーションを実施し、早産児と正常満期産新生児との差を構成的に示しています[6]。

空気圧人工筋を用いた赤ちゃんロボットは、体性共創知能グループ（大阪大学細田教授グループ）によって、Pneuborn-7 シリーズ（ニューボーンと呼ぶ。7ヶ月児を想定）やPneuborn-13シリーズ（13ヶ月児）が開発され、ハイハイや立ち上がり、

---

*3　たとえば、大阪大学大学院工学研究科機械工学専攻生命機械融合ウェットロボティクス領域（森島研究室）など。

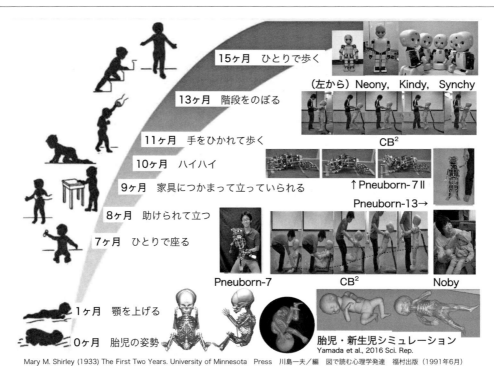

図4. 発達月齢に応じたロボットプラットフォーム

歩行などの初期のロコモーションスキルの発達研究に用いられました[7]。博物館展示では、同じく空気圧人工筋を用いた四脚ロボットを紹介しました。これらのロボットについては、第3章「柔らかく動く人工筋ロボット」を参照してください。

社会的共創知能グループ（大阪大学石黒教授グループ）では、空気圧シリンダーを組み込んだCB^2 (Childrobot with Biomimetic Body) や電動モーター主体のNeony、Kindy、Synchyが開発されました。CB^2は、世界で初めての物理的相互作用が可能なヒューマノイドロボットで、当時では画期的な、全身触覚、両眼視覚、聴覚を備えたロボットプラットフォームでした[8]。Neony、Kindy、Synchyの三種のヒューマノイドは、CB^2の進化系で、Neonyは新生児サイズで運動性能が強化され、ロボカップのヒューマノイドリーグでも使用され、活躍しました。Kindyは、対人相互作用をより高度化、また、Synchyは対人コミュニケーション用として開発されました。これらの詳細は、第2章「アンドロイド：人間酷似型ロボット」と、第4章「コミュニケーションを促す子ども型ロボット」を参照してください。

5. ロボットとの共生：心の課題

ロボットなどの人工システムとの共生を考えた場合、問題は、共生相手との心通うコミュニケーションが可能な人工システムの設計です。そもそも心とは何でしょうか？　心の機能はどのように規定されるべきでしょうか？　この問題に対し、霊長類学者のプレマックとウッドラフが1978年に心の理論（Theory of Mind）を提唱しました[9]。彼らは、チンパンジーの生活を観察し、チンパンジーが仲間の「心」を推測しているように見える行動を示すことや、自分以外の存在者に「心」があることをわかっているかどうかを実験的に確認しました。そして、チンパンジーは仲間や人間が何を考えているのかを、ある程度は推測できると報告しています。すなわち、「自己および他者の目的・意図・知識・信念・思考・疑念・推測・ふり・好みなどの内容が理解できるのであれば、その動物または人間は『心の理論』を持つ」とし、

心の理論＝自分や他人の心の状態を推測できる能力

と定めたのです。そして、チンパンジーからヒトの心理学へ対象を広げられ、1980 年代乳幼児の発達心理学や自閉スペクトラム症を中心とした障害児心理学で脚光を浴びることとなりました[9]。いくつかの心の理論テストの中でサリー・アン課題*4は有名で、以下のストーリーを被験者に提示します。

1. サリーは、カゴと玉を持っています。
2. アンは、箱を持っています。
3. サリーは、持っていた玉をカゴの中に入れて、部屋を出ます。
4. アンは、その玉をカゴから出し、自分の箱に入れます。
5. 箱を置いて、アンは部屋を出ます。
6. そこへ、サリーが帰って来ました。

さて、サリーは、玉を出そうとしてどこを探すでしょうか？　と質問し、「カゴ」と答えたら、心の理論があり、「箱」と答えたら、心の理論が未熟であるといわれています。すなわち、サリーの立場に立てるかという課題です。ヒトでは 4 歳頃まで、このテストを通過しないといわれています。自閉スペクトラム症でも大人であれば、通過するといわれ、心のありようを規定するのは難しいですが、少なくとも、相手の立場に仮想的に立てる他者視点取得（Perspective taking）は、心の主要な機能の一つといえるでしょう。

それでは、ロボットなどの人工物の心をどのように考えればいいのでしょうか？　筆者は、以下のように考えています[10]。

- 心：人間の大人の心（定型発達）。
- こころ：未熟もしくは、こころらしきものがあると考えれる動物のこころなど。非定型発

達者の場合も含まれるかもしれない。
- ココロ：人工物の心もどき、もしくはこころもどきが近いかもしれない。カタカナは四角くて、いかにもである。

以下では、ココロを創る試みを通して、子どものこころの発生や発達のなぞに迫ると同時に、未来社会で共生するロボットの設計論に活かす試みを紹介します。

6. 心の発達からココロの設計へ

胎児の脳は、授精から数週間で驚異的な発達を遂げます。受精後 2 週間あまりで胚と呼ばれる大きさ数ミリメートル程度の平たい構造が、4 週間前には脳脊髄系の複雑な構造が出現します。そして 25 週から 30 週で大人とほぼ同様の構造ができあがりますが、神経細胞の連結（Synaptic connection）が未発達といわれています[11]。宇宙などの異なる環境での胎児発達は人道的に許されていないので、地球上での胎児発達では、この期間は、かなり遺伝子的要因が大きく関与していると考えられています。

胎児の運動の創発に関しては、少し古いですが調べられており、受精後 13 週前後で、あくび、吸い付き・飲み込みなどの運動が確認されています[12]。感覚では、触覚が 10 週あたりから、聴覚・視覚が 18 週あたりからはたらき始めています。聴覚は、母胎を通じてお母さんの声に対する好みが生後見られます。また、視覚は母胎の外からの光刺激に反応することから確かめられています。図 5 にこれらをまとめています。横軸は授精からの週数です。現在では、立体ソナーにより胎児の活

---

*4　https://ja.wikipedia.org/wiki/心の理論

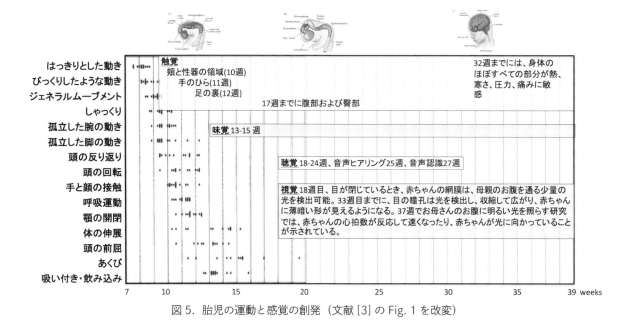

図 5. 胎児の運動と感覚の創発（文献 [3] の Fig. 1 を改変）

動が見えます。

生後、新生児はさまざまな行動を引き起こします。たとえば、およそ5ヶ月では、ハンドリガードと呼ばれる、自身の手を凝視する行動が見られます。この行動は、ロボティクスの観点からは、肩、肘、手首の角度を定めれば、手の最終姿勢が決まる順運動学、逆に、何かを摑むための手の姿勢を実現する肩、肘、手首の角度を求める逆運動学の学習に相当するといわれています。6ヶ月頃の、抱いた人の顔をいじる行動やいろいろな角度からものを見る行動は、顔の視触覚情報の統合や三次元物体認識の学習に通じます。10ヶ月頃の摸倣行動は、社会的コンテキスト（文脈）における行動学習として非常に重要です。そして、ちょうど12ヶ月でふり遊びが始まります。これは、心的リハーサルやイマジネーションなど、自身の身体や状態を仮想的に操作することに対応し、ロボットでの実現は困難を極めます（詳細は文献 [3] のTABLE 1参照）。このほかにも、さまざまな行動が観察され、たった1年でこれらを学習可能なロボットを設計することはほぼ不可能に近いです。なぜなら、赤ちゃんがどのようにして、これらの行動を獲得しているかがビッグミステリーだからです。遺伝子に書き込まれていると考えている方もおられるかもしれませんが、ならば、どのように遺伝子に書き込むかの大きな疑問が生じます。

遺伝子と環境は対立概念ではなく、遺伝子が環境を通じて形成されると主張するマットリドレーは「遺伝子は神でも、運命でも、設計図でもなく、時々刻々と環境から情報を引き出し、しなやかに、自己改造していく装置だった。」と言いました[13]。人工物の設計では、遺伝子（埋め込み）と環境（学習と発達）の間のバランスは、大きな課題であり、赤ちゃんの発達から学ぶとともに、ロボットを通じて赤ちゃんのミステリーに迫るアプローチとして認知発達ロボティクス[14, 3]を提唱・推進してきました。

7. 認知発達ロボティクスから構成的発達科学へ

認知発達ロボティクスの考え方をより進め、多様な分野を巻き込み、発達概念を機能分化の観点から明らかにしようとするのが、構成的発達科学です。その概念を図6に示します。根源的な神経構造から始まり、身体性や社会的相互作用に基づき、学習手法を介して機能分化が段階的に生じる過程を描いています。

心的機能の基本課題として、自己の概念と共感を例に見てみましょう。共感と同情はしばしば混同されて用いられます。言葉の使い方の差があるものの、キーとなる要素は、共有される情動状態

図6. 構成的発達科学の概念図

であり、それを表現する手法や操作する手法に違いがあります。人工物向けの設計をするとき、この点がより明らかになります。人工的に共感構造設計を考えるに当たり、霊長類の進化的研究から始めます。霊長類学者のデ・ヴァールは、情動感染からはじまる共感の進化とものまねからはじまる摸倣の進化の並行性を示し、その進化の方向が自己の自己識別の増強とも関連することを提案しています[15]。後者は、生態学的自己から対人的自己、さらに社会的自己にいたる過程と重なり、個体発生、すなわち発達もこの経路をたどると想定されます。これらをまとめて、共感発達モデルとしての自他認知過程を表したのが図7です[16]。

構成的発達科学の究極のゴールは、系列的な発達段階すべてを通した実現ですが、現状は、各段階において、試行錯誤しています。根源的な神経構造による計算機シミュレーション、fMRI（機能的核磁気共鳴画像）やMEG（脳磁図）などのイメージング研究、心理・行動実験、それらを支えるロボットプラットフォームの研究が交叉し、新たな価値観の創出を目指しています。以下では、それらのいくつかの試みを紹介します。

8. 基本的な神経構造：身体と神経のダイナミクス

身体と環境の相互作用により、さまざまな行動が創発する際に、感覚運動系と脳神経系がどのような関係にあるかは、構成的発達科学においての基本課題です。Park *et al.*[17] は、非線形振動子のニューロンから構成される脳神経系がヘビのようなロボットの筋骨格系を通じて、環境と相互作用した際に生じるネットワーク構造について、情報の移動エントロピーを基に解析しました。始めに、各関節角の時間相関を特徴ベクトルとして、行動パターンを解析し、大まかに二つの運動パターンを抽出しました。図8左にその結果を示します。

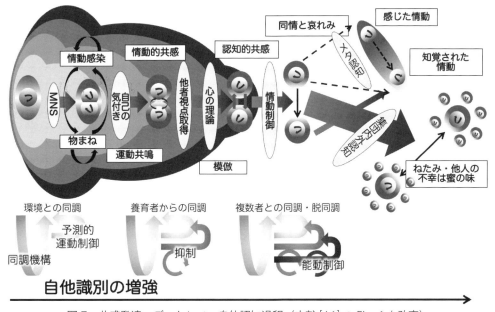

図7. 共感発達モデルとしての自他認知過程（文献[16]のFig. 6を改変）

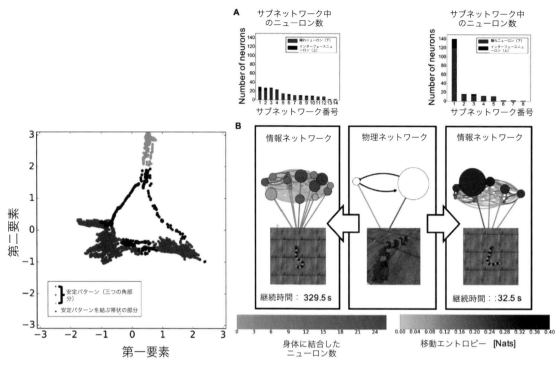

図8. 行動遍歴と互いに遷移しあう二種類の情報ネットワーク

安定な行動パターン（継続時間が長い三つの角の塊）とそれらを行き交う不安定な行動パターン（安定パターンを結ぶ帯状の部分で継続時間が短い）です。次に、それぞれの行動パターン時の神経ネットワークを調べました。最初に与えられた物理的に結線されたネットワーク（物理ネットワーク）が固定であるのに対し、移動エントロピーと呼ぶ情報の伝達量の計算により推定された運動時のネットワーク構造は、行動パターンの安定、不安定により異なるサブネットワーク構造が生じました。図8A、Bにその結果を示します。中央の物理ネットワーク構造に対し、左右の情報ネットワークが生じています。左は、安定行動パターンで疎につながった（一見、密度が高そうだが移動エントロピーは低い）多数のサブネットワーク構造で、環境との結合も弱いです。片や、右は不安定行動パターンで一つの大きなサブネットワークが環境と強く結びついています。安定行動パターンは高次元状態空間での安定点に、不安定行動は、安定行動パターン間の遷移を表し、全体として安定から不安定、そしてその逆の遍歴の様相を呈し、環境との相互作用による身体と神経ネットワーク間の動きを表しています。

一つの憶測は、原初的な意識（不安定状態：たとえば崖っぷちの歩行）・無意識（安定状態：たとえば通常の歩行）に対応していないかという期待です。意識の程度を表すとされる情報統合理論[18]による統合情報量の計算は困難を極めますが、不安定状態の方が安定状態よりも大きいと察せられます。

9. 予測誤差最小化原理による社会的相互作用創発

前節では、学習も価値システムも導入されておらず、それらが無い場合の神経ネットワークのポテンシャル（潜在的な可能性）を示しました。先の安定状態でのサブネットワーク構造は、それぞれに機能があると期待されます。機能創発には、タスクの設定や学習アルゴリズムが必要となります。構成的発達科学において、社会的認知機能の発達を統一的に説明する理論として、感覚・運動信号の予測学習に基づく計算モデルを導入します[19]。予測学習とは、身体や環境からの下位から上位への内向きな感覚信号と、脳が内部モデルをもとに上位から下位への外向きに予測する感覚信号の誤差を最小化するように内部モデルを更新したり、環境に働きかけ

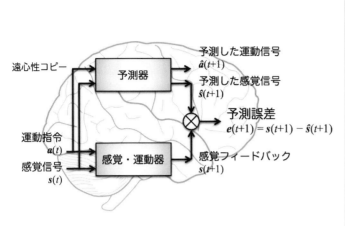

図 9. 予測誤差学習

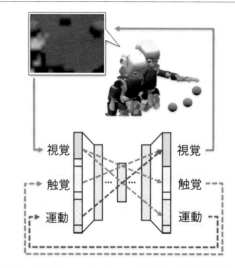

図10. 深層型オートエンコーダを用いた複数感覚・運動信号の予測学習 [19]

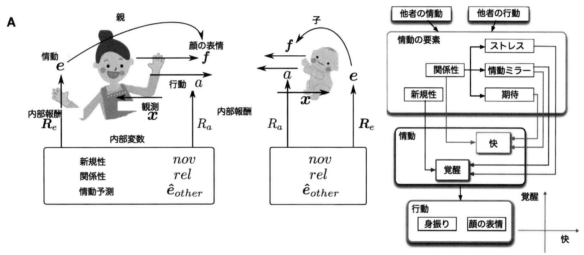

図 11. 社会的関係性を動機付けとする学習機構 [20]

たりすることです（図 9）。

この原理に基づき、自己運動の生成経験が他者運動の認識に与える影響（図10）、複数感覚信号の空間的予測学習による他者の内部状態の推定とそれに基づく情動模倣、他者運動に起因する予測誤差の最小化による援助行動の創発などが検証されています。本例は、予測誤差最小化原理の一般性を強く示しており、構成的発達科学の学習規範として有望です。

10. 共感の発達と社会的関係性

以下では、少し飛躍しますが、人間の心理的欲求の一つである関係性への欲求に注目した親子間相互作用の動機づけモデルを示します。

養育者は常々子ども見守る立場であり、社会的関係性が保たれています。大人の死亡要因のメタ解析[21]では、喫煙、アルコール、大気汚染などの直接的要因を抑えて、この社会的関係性の破綻が上位を占めています。それほどに人間の場合、社会的関係性が重要であると言えます。Ogino et al.[20] は、社会的関係性を要求する乳幼児の様子を表すスティルフェースパラダイム（still-face paradigm）[22]において、その計算モデルを構築し、社会的関係性に対する要求のメカニズムを学習を通じて表しています。スティルフェースパラダイムとは、乳幼児と親との相互作用中に突然、親が乳幼児からの応答に何も反応しない静止顔になると、乳幼児の笑顔が減少し、ぐずり、親の注意を引こうと発声することから、他者との関係性を維

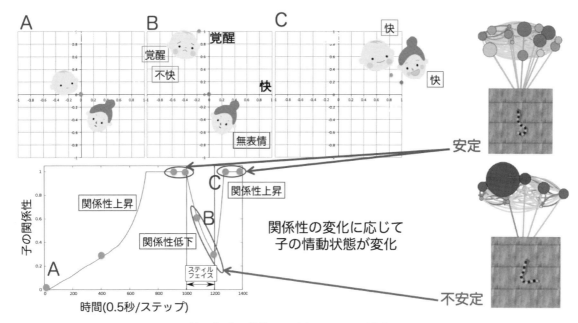

図12. 結果[20]と前節のサブネットワーク構造との対比

持したいという欲求が親子間相互作用を動機づけているると考えられているパラダイムです。

図11に親子間相互作用の各種パラメーターと関係性を持つ動機付けモデルを示します。モデルは、快不快の情動空間に位置づけられる要素と行動（ジェスチャーや顔表情）からなります。図12の上の三つのグラフは、情動空間上に社会性が築かれていく様子を示し、下は関係性の遷移です。当初は中立的で関係性も低いですが、徐々に関係性が築かれ、安定状態に入ります。スティルフェース状態では、関係性が急激に低下し、子どもの覚醒状態が上がっています。スティルフェース状態を終えると、元の状態、すなわち、社会性が上がり、親子ともども快状態に移行します。

前節で紹介した神経ネットワークの動きでは、タスクや学習手法の条件が加えられていませんが、直感的には、社会性安定状態は、まばらに結合した（モジュール間で情報のやりとりが少ない）サブネットワーク構造に対応し、社会性が破綻していく場合は、ネットワーク全体で活発に活動している不安定状態に対応していると考えられます（図12）。ここでは、すでに機能分化したモジュールの存在を想定していますが、なんらかの形で統合情報量が計算されれば、この仮説を検証できるかもしれません。

11. おわりに

筆者らが過去20年あまりほど行ってきた研究の経過の概要を紹介してきました。ロボカップを題材にした強化学習を皮切りに認知の課題へとシフトし、さらに発達の課題へと深化していきました。感覚運動学習をベースに心的機能の発達へと進展し、構成的発達科学へと昇華しましたが、まだまだ足りません。特に心的機能の設計は困難を極めています。その理由の一つは、神経科学や発達心理学の知見がまだまだ不足していることに加え、発達の観点からは、身体の重要性が大きく、ハードウェアの進化が未熟という点もあります。その意味で、ソフトウェアとハードウェアのつながりが不十分です。朗報は、近年のAI、特に深層学習の進化と深化がめざましく、使える道具として充実してきたことです。ですので、これからこれらの道具を駆使し、生体との親和性が高く、柔らかでしなやかな身体の設計・製作を目指すソフトロボティクスと密に連携しながら、科学・工学そして芸術の境がない研究領域として超域（transdiscipline）の具現としての認知発達ロボットを社会に導入し、未来共生社会を実現したいと考えています。

第2章
アンドロイド―人間酷似型ロボット―

小川 浩平　大阪大学大学院基礎工学研究科・講師
池本 周平　大阪大学大学院基礎工学研究科・助教
浅田 稔　　大阪大学大学院工学研究科・教授

アンドロイド・サイエンス

小川 浩平

　人とロボットが共存する社会では、人とロボットはどのような関係性を築いていけばよいでしょうか。ロボットはすでに私たちの日常生活に入り込み始めています。たとえばお掃除ロボット、iRobot社のRoombaや、携帯電話ロボットのロボホンなどはすでに消費者向けに販売されており、一般に普及しつつあります。特にソフトバンクロボティクス株式会社のPepperは従来のヒューマノイドロボットと比べると極めて安価であり、実際に街中の店頭で見かけることが増えてきています。このようにロボット技術は今後さらに社会への応用が進み、われわれにとってより日常的な存在になっていくことが予想されます。

　このように人との関わり合いによりサービスを提供するロボットに求められる機能が多様化しているなかで、現在、人の日常生活により自然に溶け込み、人の心に作用するロボットが求められてきています。なぜならこのようなロボットはサービス提供のために人と関わる必要があるため、人にとって親和的な存在として認知される必要があるからです。そこで、人に親和性を感じせることができる究極の形として、人に見かけが酷似したロボットであるアンドロイドの研究に注目が集まっています[1]。アンドロイドは人の特徴的な見かけや動作を模倣することによって、これまで想定されてこなかった役割を担うことができるよう

図1. 開発されたアンドロイドロボット

図2. 自身のジェミノイドと対話する石黒浩教授

になりました（図1）。

　たとえば、受付や監視など、人が存在していることが重要である状況においても、アンドロイドであれば人の代わりにその役割を担うことができます。われわれはこのアンドロイドを用いて、デパートでの販売員、美容カウンセラー、受付、舞台俳優、インターネットアイドルなど、従来のヒューマノイドロボットでは実現が難しかった状況において、アンドロイドを運用する実証実験を実施し、さまざまな成果が得られています[2, 3]。

　人のもつ存在感はどこからやってくるのか？ どのように記録、再現、伝達できるのか？ この疑問を探求するために、研究者と同じ外観と振る舞いを持ち、かつ研究者と情報的に密結合された新しい実在人間型アンドロイド、ジェミノイドを開発しています。

　存在感はそれぞれの人固有のものです。また、相手との社会的関係によっても異なります。存在感の研究では、ロボットと実際の人物とを比較するとともに、その人物自身や社会関係について深く知らなくてはなりません。ジェミノイドは、研究者自身をモデルとすることで、この問題に対処しています。たとえば、本人の権威が伝わるか、といった実験を、本人とジェミノイドを比較することで厳密に検証することができます（図2）。従来は哲学者の思惟でのみ可能であった研究を、ジェミノイドは初めて客観的・定量的に行うことを可能とし、それらの研究をアンドロイドサイエンスと名付けました[1]。

　ロボットをプラットフォームとした人工知能は、まだ人の成人レベルには達していないため、単純な応答しかできません。ロボットの対話機能の研究を進める上で、これは大きな障害でした。この問題に対し、ジェミノイドでは単純な応答や行動は自動で、人工知能で対処できない問題は遠隔操作により人が制御を行う、半自律制御の仕組みを開発しました。この機能を用いることで、存在感の解明を始め、人と自然なやりとりが可能なロボットの研究を進めることができます[4]。

　人の存在感をも伝達しうる自然な動作や、操作

図3. ジェミノイドHI-2と石黒浩教授

図4. ジェミノイドFとモデル

者の負担を軽減する遠隔操作の方法など、より人に近いロボット目指した工学的な研究、人に近いロボットを用いた、存在感などの人の本質に迫る研究。この二つのアプローチを通じて、より高度なロボットを実現するとともに、人とは何かを探っていきます。

ジェミノイドは、モデルに酷似した外見をもつアンドロイドです。ジェミノイドの体はモデルを3Dスキャナーで精密に取得し作られています。また顔に関しても石膏により本人の顔の形をそのまま写し取ることで、まさにコピーといえる見かけを実現しています。現在、石黒浩教授のジェミノイドHI-2、HI-4、HI-5と女性型のジェミノイドFが存在します(図3, 4)。ジェミノイドは電気アクチュエーターではなく、空気アクチュエーターを採用することで、より人らしい自然な動きを再現することが可能です。

ジェミノイドHI-2は全身に50の自由度（可動方向の数。多くの場合はモーターの数）をもっており、表情だけではなく全身を使ったジェスチャーなども表現することができます。一方、ジェミノイドFは自由度を12まで減らすことでより小型化、安価化を実現しています。これにより、どこへでも簡単に持ち運ぶことができるようになりました。

ジェミノイドの遠隔操作システムは主にアンドロイド用サーバーと遠隔操作クライアントによって成り立っています。サーバーとクライアントはインターネットを介して通信できるので、容易に遠隔操作システムを拡張することができます。遠隔操作クライアントは、主に顔認識システムと口動作生成システムから成り立っています。操作者の顔の向き、表情などの情報はカメラなどのセンサーにより検出され自動的にロボットの動作に返還し、サーバーへ通信します。口の動きは操作者の発話データを解析し、リアルタイムでロボットの口の動きを生成しています。これにより、操作者の発話とロボットの口の動きの同調を実現しています。

これらのシステムは、一般的なラップトップコンピューターでも十分動作するため、インターネットとコンピューターさえあれば世界中どこからでもジェミノイドに乗り移ることが可能です。

Repliee R1 ─5歳の子どもロボット─

小川 浩平

石黒浩教授が本格的にアンドロイドを開発しはじめた一番最初のモデルは、教授自身の当時5歳の娘さんで、Repliee R1（リプリー）と名付けられています（図5）[5]。全身を覆う皮膚の形状は、石膏で人間の型を取って作成されました。しかし、人間の皮膚は柔軟であるため、この型取りの際に変形が生じます。そこで、この石膏の型から全身の粘土模型を起こし、これに写真などを元にした造形を施し、再度、型を作りました。この型からシリコン樹脂による厚さ5ミリメートルの皮膚を作成しました。触れた感触を人間の皮膚に近づけることを考慮してシリコン素材を選定しました。透けて見える血管に至るまで人の肌が忠実に再現されています。頭部には、皮膚と機械部品の間に、繊維強化プラスチックの頭蓋骨があり、触れたときに皮膚の下の硬さを感じられます。左腕の皮膚の下には、四つの触覚センサー（ピエゾ薄膜センサー）が取り付けてあります。これによって、他者から触られたときに反応するといった振る舞いが可能になります。また、眼球にはカメラを取り付けず、義眼と同等のものを用いることで、見かけを人間に近づけています。背中から一本のUSBケーブルと数本の電源ケーブルが出ていますが、服により隠すことができます。

Repliee R1はジェミノイドと違い、電気アクチュエーターが用いられています。動作部は頭部だけで、首に3自由度、眼の上下に1自由度、眼の左右にそれぞれ1自由度、まぶたの開閉に1自由度、口の開閉に1自由度が配置されています。このまぶたと口の自由度により、人間に比べるとレパートリーに乏しいのですが、表情を表出できます。また、頭部の動き（うなずきなど）がコミュニケーションに及ぼす影響について調査できます。

Repliee R1を用いて子どもの発達の過程に関する研究や、子どもと大人との対話に関する研究が行われました。Repliee R1を用いた動作制御や外装作成に関する研究成果がその後のアンドロイド研究に生かされています。

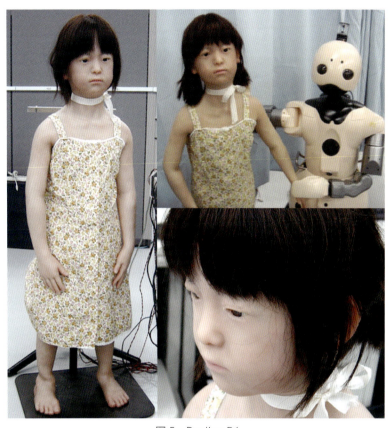

図5. Repliee R1

CB² ─ Child-robot with Biomimetic Body ─

池本 周平

　CB²（シー・ビー・スクエア）は、人の発達過程を構成論的に理解するために開発された子ども型全身アンドロイドです（図6）[6]。このアンドロイドは、開発された2007年から現在に至るまで、最も複雑な身体を持つアンドロイドであり続けています。ここでは始めに、CB²がいかに複雑なロボットであるか、具体的な数字を挙げて説明したいと思います。

　まず特筆すべきは、CB²の全身には計57もの自由度があるということです。本田技研工業株式会社のASHIMOは非常に高性能なヒューマノイドロボットとして有名ですが、同時期に開発された二代目ASHIMOは全身34自由度、現三代目ASHIMOでさえCB²と同じ全身57自由度です。さらに、CB²の特徴は自由度の数だけに留まらず、その駆動方法にもあります。首以下に存在する52の自由度は、ロボットの駆動で一般的な電動モーターではなく、圧縮空気が膨張する力を使って動かす空気圧アクチュエーターを用いて駆動されるように設計されました。

　一般に、電動モーターは減速器と共に用いられるので、駆動されるロボットの関節は外から力を加えても素直に曲がり難いものとなります。それに対し、空気圧アクチュエーターで駆動される関節は、自身が出している力以上の力で外から押せば、その角度を素直に変えることができる柔軟性を備えています。

　次に、CB²が備えるセンサーを紹介したいと思いますが、そのためには、その特徴的な外装について説明する必要があるでしょう。CB²の全身57自由度の機構は、ほとんど余すところなく発泡ウレタンフォームの「肉」で覆われており、さらにその表面をシリコンゴム製の「皮膚」が覆います。つまり、CB²は柔軟で全身の表面が連続的につながった外装を持っています。さらに、この外装の「肉」と「皮膚」の間には、全身198ヶ所に変形を検知する皮膚セン

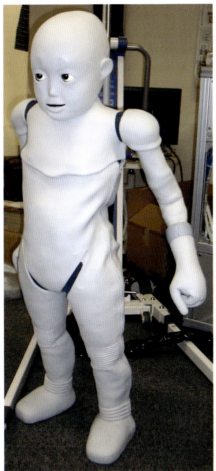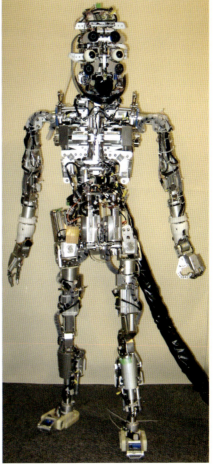

図6. CB²の外見と機構

図7. 人とCB^{2}の物理的インタラクション

サーが分布しています。連続的につながった柔軟な外装内にセンサーを配置することで、たとえ皮膚センサーの存在しない箇所を触ったとしても、最寄りのセンサーに変形が伝わり、ほとんどくまなく接触を検出することができます。皮膚センサーは、ロボットの分野で永らく研究されているテーマですが、実際にこれ程多いセンサーをロボットに搭載した例はほとんどありません。また、通常のロボットと同様に、CB^{2}の57自由度の全てには、角度を測るセンサーが組み込まれており、姿勢が計測できる他、二つの目には小型のカメラが埋め込まれています。

このように、CB^{2}には、ハードウェア面で多くの先進的な特徴が実装されました[6]。なかでも「柔軟性」は、CB^{2}の特徴を語る上でとりわけ重要なキーワードと言えるでしょう。

ここからは、その柔軟性が特に重要な役割を果たした研究として、人がロボットの運動中に接触しつつ共に運動する、人－ロボット間の物理的インタラクション（相互作用）について説明します。

CB^{2}の関節の柔軟性を利用することで、運動の中で特徴的ないくつかの姿勢を目標姿勢として準備し、それらを適切に切り替えるという簡単な方法で、自然な人－ロボット間の物理的インタラクションを実現することができます。図7は、その簡単な方法によって、人がCB^{2}を引き起こしたり、手を引いて歩かせる運動を実現した連続写真です。人の補助が無ければ、CB^{2}は単独で立ち上がったり、歩いたりできないのですが、ほとんどの人は、補助の練習をしなくても直感的に適切な補助を行い、最終的にこれらの物理的インタラクションを成功へと導くことができました。

これらは、一見、とても高度に見える人－ロボット間の物理的インタラクションが、ロボットの柔軟性と多くの人が持つ人型のロボットに対する補助の直感を活かすことで驚くべき簡単さで実現できる例といえるでしょう。このインタラクションにおける人、ロボット双方の運動を計測し、双方が他方の運動に合わせて運動を変化させているということを明らかにし、その変化が適切な相関を持って行われることがインタラクションを成功さ

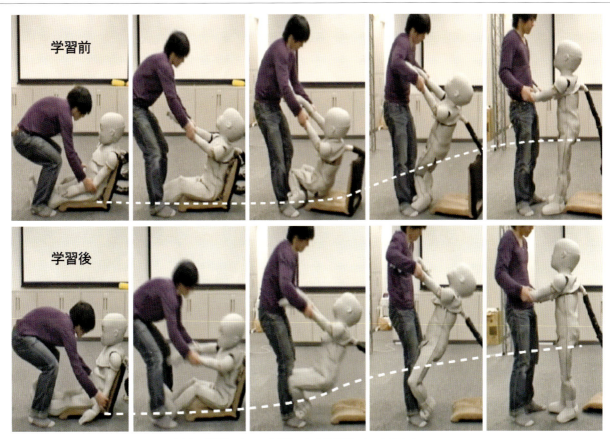

図8. 学習によって円滑になる物理的インタラクション

せる鍵であることを明らかにしました[7]。

このように、CB^2が持つ人間のような形と関節の柔軟性は、人にとって直感的に物理的インタラクションを行える利点といえるでしょう。では、CB^2にとってはどうでしょうか。

われわれは、それを人からの適切な補助を期待できるという利点と考え、インタラクション相手の人からの評価に基づいて物理的インタラクションをより円滑にする学習システムを提案しました。提案した学習システムでは、まず、インタラクション後に人がそれを「良い」か「悪い」の二値で評価します。そして、CB^2は、「良い」と評価されたインタラクションのデータが十分溜まった後に、どのタイミングで動き出していたのかを確率的にモデル化し、それを次のインタラクションに用います。一般的に、二値の評価は情報に乏しく、人間の主観的な評価は一貫性に乏しいので、人からの評価だけを基に学習を行うのでは良い結果が得られません。しかし、提案した学習システムでは、上手く改善に結び付けることができます。その理由は、CB^2の柔軟性により、運動の改善は「良い」、「悪い」の二値評価だけでなく、運動中に人が補助をすることで変化したロボットの運動データを用いているためです。図8は、人が手を引いてCB^2を立たせた図7のインタラクションに対して提案手法を用い、学習前と学習後を比較した連続写真です。実際に、物理的インタラクションが円滑になるように人とCB^2の双方の運動が変化したことが分かります[8]。

CB^2が開発された2006年から11年が経過し、ロボティクスは大きく進歩しました。そして2017年現在、「柔軟性」はロボティクス分野で最も注目されているキーワードの一つです。この現状を思えば、認知発達ロボティクスという野心的試みとそのプラットフォームとして先鋭的な設計思想の下に開発されたCB^2が果たした役割は大きく、この現状を思えば認知発達という視点、そのプラットフォームとして開発されたCB^2で行われた研究は、今日の研究を先取りする先進的な試みだったといえるでしょう。

Erica ― ロボットの人間らしさ ―

小川 浩平

ロボットの研究分野の広がりとともに、ロボット研究は日常的な場面で働くロボットに焦点を移しつつあります。日常的な場面において人間が最も容易にコミュニケーションを取ることができるのは人間そのものです。そのため、多様な感覚や言語、身体動作を用いて、複数の人間と関わることができるロボットの研究開発が重要になります。Erica（エリカ）（図9）を用いた研究では、身振り手振り、表情、視線、ふれあいなど、人間のように多様な情報伝達手段を用いて対話できる、社会性をもつ自律型ロボットの実現を目標に、共生ヒューマンロボットインタラクションの研究開発に取り組んでいます。

開発したロボットの人間らしさは、遠隔操作されるロボットとの比較や、人間との直接的な比較によって評価し、特定の状況、目的、対象者において、ロボットが人間と同レベルのものに感じられることを確認しています（図10）。さらに技術の実用化に向けて、ロボットを用いた高齢者や発達障害者の生活支援に向けた研究を進めています。具体的には、高齢者介護において物理的支援と同様に重要な、対話支援や、発達障害者の療育を目指すとともに、健常者へのコミュニケーション教育・学習支援や公共施設での情報提供や対話サービスへの展開を図っています[9]。

2015年、ERATO石黒共生ヒューマンロボットインタラクションプロジェクトとして、Ericaの制作及びそれに関わる研究についての記者発表が行われました（図11）。現在プロジェクトは、大阪大学石黒研究室、京都大学河原研究室、ATR（国際電気通信基礎技術研究所）の三つのグループによって進められています。大阪大学は、人間と安全に関わるメカニズム、対人場面における自律対話機能の開発に取り組むとともに、京都大学音声対話研究グループと連携しながら、対人場面及び社会的場面におけるトータルチューリングテストの達成に向けて研究をしています。ここで、トータルチューリングテストとはアンドロイドとの会話を通じて、アンドロイドと人間を比較するテス

図9. Erica

図 10. 人と対話する Erica

図 11. Erica の記者発表の様子

トのことを指します。その際対面するアンドロイドが人間かロボットなのかを判断できなかったとき、アンドロイドは見かけ、振る舞い、会話能力という観点において、人間と同等の存在として認めることができると期待されます。

京都大学は、頑健な音声認識システム、意図・欲求・発話の階層構造を持つ柔軟な対話システムの実現を目標とし、自然な対話を実現する音声認識技術、対話生成技術の研究開発を行っています。また、大阪大学自律型ロボット研究グループと連携して、特に、対人場面におけるトータルチューリングテストの達成に向けた研究に取り組んでいます[10]。

ATRは高齢者に対する対話サービス、発達障害者に対する対話サービス、健常者への教育・学習支援及び公共施設での情報提供や対話サービスの実現を目標とし、高齢者や自閉スペクトラム症児のケアに用いるロボットのハードウェア開発と、日本及びデンマークにおいて関連施設と連携しながら実証実験を実施しています。

レオナルド・ダ・ヴィンチアンドロイド ―学際融合のパイオニア―

浅田 稔

1. なぜレオナルド・ダ・ヴィンチなのか？

研究面での活動に加え、それに関連する科学技術啓発活動として、筆者はNPOダ・ヴィンチミュージアムネットワークの理事長を務めています。2011年から毎年、イタリアのミラノにあるレオナルド・ダ・ヴィンチ記念国立科学技術博物館のガリ館長を招聘し、講演会やセミナーを開催してきました (davinci-museumnet.org)。ガリ館長からの科学技術についてのメッセージが第6章にあります。第1章でも述べたように、レオナルド・ダ・ヴィンチの自然や生物を理解するための科学技術研究はさまざまな分野にわたり、今でいう学際融合研究のパイオニアといえるでしょう。そのような彼の探究心と科学技術の夢を世界の子ども達や若い方々に伝えるべく、NPO活動をしてきました。

2015年のミラノ万博の年、過去のNPOの活動を総括すべく、レオナルド・ダ・ヴィンチアンドロイドの製作を思いつきました。しかし、レオナルド・ダ・ヴィンチは500年以上前の歴史上の人物なので、アンドロイドを製作する上でのデータや情報に欠けていました。レオナルド・ダ・ヴィンチアンドロイドが制作される前のアンドロイドは、制作対象となる人物が実在していました。その場合、本人から型を取ったり、本人を観て細かな微調整ができました（現在は夏目漱石など過去の人物のアンドロイドなどがあります）。そこで今回、レオナルド・ダ・ヴィンチ記念国立科学技術博物館のガリ館長や現地の学芸員と相談しながら、日本人に馴染みの深い、老年期のイメージにすることにしました。海外ではもっと若いイメージなのだそうです。

2. レオナルド・ダ・ヴィンチアンドロイドはこうして作られた！

大阪大学石黒浩教授のアンドロイド技術を有するエーラボ株式会社に依頼して、レオナルド・ダ・ヴィンチアンドロイドを作成しました（図12）。まず、デザイナーがクレイモデルを構築し、これから型を起こします。この型に特殊な皮膚材料を流し込んで、顔面のマスクを作ります（図13）。これに化粧を施し、人工毛の髭を一本一本植え込みます（図14）。当初は人毛を使う予定でしたが、費用の問題で断念し、人工毛を用いました。図15は空気圧アクチュエーターのための空気圧制御弁装置の組み立てと動作テストの様子です。2015年8月に3ヶ月間の製作過程を経て完成しました。

図12. レオナルド・ダ・ヴィンチアンドロイド

図 13. クレーモデルとマスク

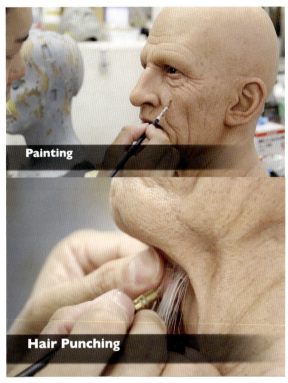

図 14. 化粧とひげの植毛

図 15. 機械系の組み立てと駆動テスト

3. レオナルド・ダ・ヴィンチアンドロイドの動作

　非常に精巧な皮膚の動きや眼差しはとてもリアルです。空気圧アクチュエーターにより、首から上の部分で15自由度を制御します。遠隔操作者は、顔の表情を示すパネルを指示することで、自動的に顔の表情を生成できます。また、遠隔ヘッドセットにはジャイロセンサーが搭載されており、遠隔操作者の頭部の動きが即座にアンドロイドにコピーされます。また、リップシンクと呼ばれるプログラムによって、遠隔操作者の発話音声からアンドロイドの唇形状を生成することが可能で、ほぼリアルタイムに来場者と対話可能です。あたかもレオナルド・ダ・ヴィンチと会話している雰囲気になります。

　2015年9月の1か月間、現地、ミラノのレオナルド・ダ・ヴィンチ記念国立科学技術博物館にて展示し、好評を博しました（図16）。

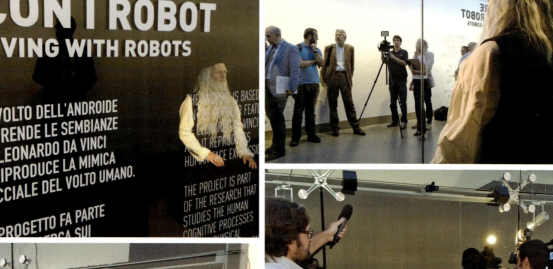

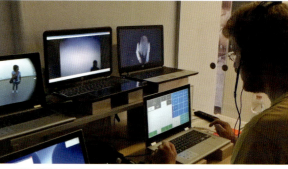

図16．レオナルド・ダ・ヴィンチ記念国立科学技術博物館での展示の様子

第3章

柔らかく動く人工筋ロボット

細田 耕 大阪大学大学院基礎工学研究科・教授

池本 周平 大阪大学大学院基礎工学研究科・助教

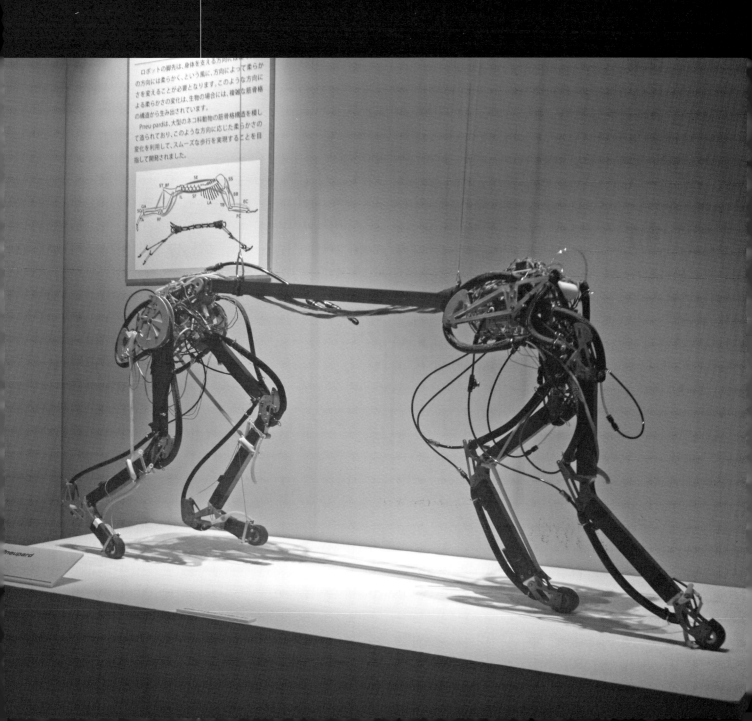

柔らかな身体の知能

池本 周平

　私たちがこの世界で目にするすべての生き物 は、常に変化し続けている複雑な環境下で実にしたたかに生き抜いています。ロボティクスの黎明期以来、生物に見られる優れた適応性をロボットに持たせるという試みは、この分野における根源的な挑戦であり続けています。現在、三度目のAIブームが巻き起こり、ロボティクスにAI技術を応用する研究が多く発表されていますが、果たして、これによって「生き物のように適応的なロボット」が実現されるのでしょうか?

　多くの人が興味を持つ問いだと思いますが、われわれはこの問いに特定の意見は持ません。なぜならば、われわれの興味は「どのように解くか」よりも「どのような問題を解くか」にあるからです。実は、従来から頑張って解くべきと考えられてきた難しい問題は、ロボットの設計を工夫することで、著しく簡単になったり、それどころか利点になったりもします。たとえば手は、人間の体の中で、最も器用に動かすことができる部分ですが、ご存知の通り、関節一つ一つを独立に動かすのは至難の業です。訓練すれば動かせるようになるかもしれませんが、重要なのは、私たちの手は、関節を連動した状態で動かすのが簡単で、独立に動かすのが難しいということです。しかし、物をつかんだり、操作したり、日常生活で必要になるおおよその動きは、そういった連動を必要とするので、独立に動かすのが難しいという問題は特に解く必要のない問題と言えます。一方、ロボットではどうでしょうか? ロボティクスの自然な発想では、各関節を独立に高精度に動かせることをベースに、いかに仕事に合わせて多数の関節を連動させて動かすかという問題を解きます。そのような考え方で開発されたロボットハンドは、独立した状態で動かすのが簡単で、連動させて動かすのが大変なロボットハンドになります。物をつかんだり、操作したりするには関節間の連動が不可欠なので、関節を上手く連動させるのは、もちろん避けて通れない問題です。つまり、目指すものは一緒であっても、「何が難しいか」、「解決しないといけないのか」といった視点で見たとき、人間とロボットの間には真逆とも言える程の差が生まれ得るということです。

　このような差が生まれたきっかけは、人間とロボットの身体の設計思想の違いにあります。今後、ボディを駆動させる強力なアクチュエーター、高精度のセンサー、高速な計算機、洗練された制御手法、あるいは革新的なAIの技術が登場したとしても、この設計思想によって生まれる呪縛に無頓着では、それを打ち破ることはできません。

　われわれの研究室では、これまでに、ロボットの身体を適切に設計することで、一般的に難しいと考えられてきた運動が簡単に達成できる例を見つけ出して実証することによって、このロボティクスの根源的な問題の解決を目指してきました[1]。適切な設計のヒントは、長い進化の中で身体の設計を磨き上げてきた実際の生き物に見ることができるはずです。そのため、われわれは、生き物の身体に着目し、それをさまざまなレベルで模倣したロボットを設計・開発することで実験・検証するというアプローチを採ってきました。以下に紹介する図1〜7は、私たちがこれまでに開発してきたロボットのほんの一部です。以降では、いくつかのロボットを挙げ、生物の筋骨格構造が持つ機能を説明していきます。

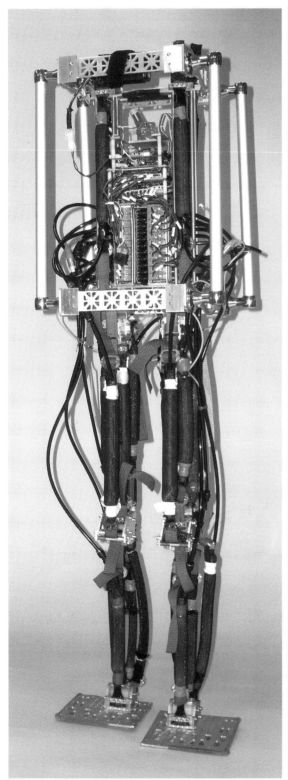

図 1. Pneumat-BH
　　　ニューマット

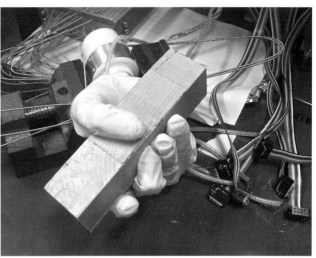

図 2. 柔軟な皮膚・触覚を持つロボットハンド

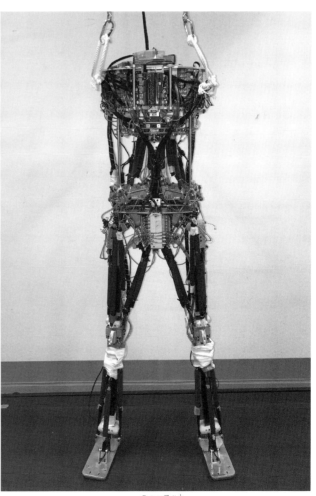

図 3. Pneumat-BP
　　　ニューマット

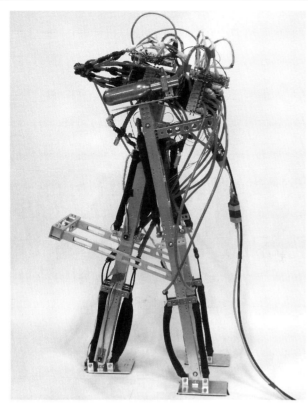

図4. 受動歩行を規範とする二脚ロボット

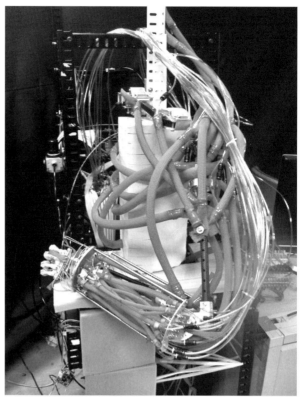

図5. 肩甲骨を持つ筋骨格ロボットアーム

図6. Pneuborn 13（左）と Pneuborn 7II（右）

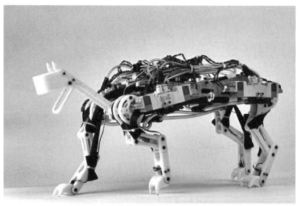

図7. 小型四脚ロボット（KEN）

図8. 空気圧人工筋

　これらのロボットには、空気圧人工筋を用いています。このタイプの人工筋は、圧縮空気が膨張する力を利用して細長い形の人工筋を収縮させるアクチュエーターです（図8）。非常に単純で軽量なアクチュエーターですが、その収縮力は大変強力です。駆動には、空気を圧縮するコンプレッサーと呼ばれる機械が必要になりますが、液化炭酸ガスボンベをロボットに搭載すれば、一定時間、圧縮空気を送るチューブを切り離して動かすこともできます。空気圧人工筋は、柔軟性に優れるため、生物の複雑な筋骨格構造の実現や、外部からロボットに加わる力を吸収するのに有利です。制御が困難であるなど欠点も多いですが、われわれの研究にとっては相性が良く、欠かすことのできないものになっています。

上肢ロボット ─ 環境と触れ合うための柔軟性 ─

池本 周平

1. 実環境におけるロボットアーム

　ロボットアームの設計・制御は、ロボティクスの伝統的な研究で、その方法論はすでにほとんど確立されているといえるでしょう。そして現在では、ロボットアームを人間をはるかに超える正確さと速度で動かすことが可能になり、産業に欠かせないものとなりました。しかし一方で、それほどまでに高度なロボットアームであっても、環境と接触するような人間が普段何気なく行っている運動は、未だ達成困難なものが多くあります。われわれは、人間が環境と接触する運動を簡単に実現できることの根底には、人間の身体を形作る骨格の構造と柔らかい筋肉、すなわち筋骨格系にあるのではないかと考えます。この節では、人間の上肢の筋骨格系を模倣した筋骨格ロボットアームを開発し、さまざまな運動を実現してきた研究の一部を紹介します。

2. 筋骨格ロボットアーム・ハンド

　図9は、われわれが開発した空気圧人工筋で駆動される筋骨格ロボットアームの写真です。このロ

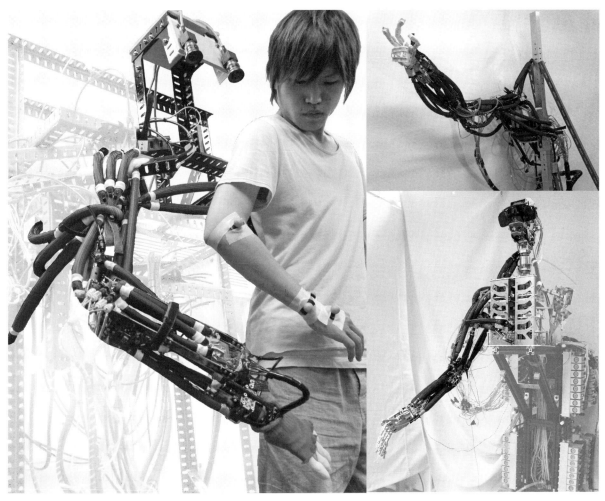

図9. 筋骨格ロボットアーム

ボットアームは、人間の腕と同じ7自由度を持っていて、人間の腕にある主要な筋肉に相当する17本の空気圧人工筋が配置されています。空気圧人工筋とは、破裂しないように強化された細長い形の風船が膨らむと、球に近い形を取ろうとすることから全長が短くなることを利用した人工の筋肉です（図8）。その特徴は、軽く、非常に大きな力を発揮でき、素材や空気の圧縮性によって動物の筋肉のように柔軟性を持っていることです。そのため、このロボットアームは、人間の筋骨格構造が持っている柔らかさに似た「構造化された柔らかさ」を持ちます。

また、人間の腕の運動の多くは、手で何らかの作業をすることを目標としているため、このロボットアームはロボットハンドも備えています。ロボットハンドには、親指2自由度、その他の指に3自由度ずつの計14自由度があり、親指、人差し指、その他の指の3グループを曲げ伸ばしするために6本の空気圧人工筋が使われています。このように、自由度に対して少ない数のアクチュエーターで駆動を行うには、関節間の連動を生み出す何らかの仕組みが必要になりますが、人間の手も同様のメカニズムを利用していると言われているので、ヒントは私たちの手の構造にあるはずです。われわれが開発した劣駆動ロボットハンドは、人間の手の構造を模倣することで、すべての指を曲げるという単純な制御であっても図10に示すようにさまざまな物体を形状に合わせた形態で把持することができます[2]。

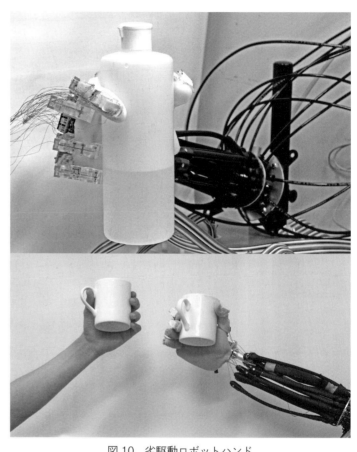

図10. 劣駆動ロボットハンド

3. ドアを開けるロボット

この空気圧人工筋で駆動される筋骨格ロボットアームを用いれば、図11に示すようなドアを開ける動作を簡単に実現することができます。普通の産業用ロボットでドアを開けるには、ロボットのアームに対するドアノブの位置や回転軸などをあらかじめ知っておく必要があります。しかし、この柔軟なロボットでは、何にどのように接触するかをあらかじめ考慮せず、手のひらをドアノブに押し付けたとしてもドアやロボットを壊すことはなく、劣駆動ロボットハンドによってドアノブを把持することができます。また、ロボットアームの持つ柔軟性は人間

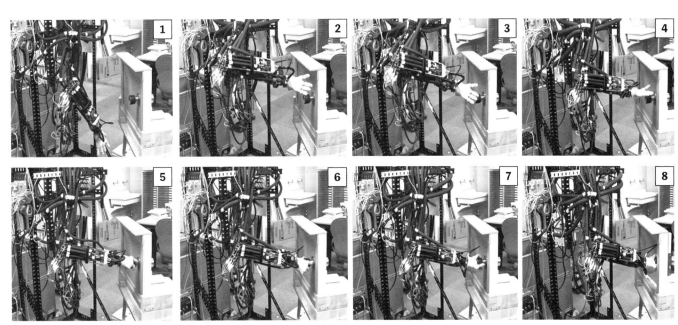

図 11. ドアを開ける筋骨格ロボットアーム

に類似した筋骨格構造によって生まれるため、手先に掛かる負荷が各関節に自然なバランスで分配され、特定の関節が不自然に動くようなことはありません。さらに、ドアノブを把持した後は、ドアノブの回転軸とドアの蝶番(ちょうつがい)によって加わる運動の制約にアーム全体の柔軟性で馴染むように動くことで、それらの構造をあらかじめ知ることなく、ドア開けを達成できます。これは、「構造化された柔らかさ」を導入することで、環境から与えられる拘束が問題から運動を単純化する利点に変化させた例といえるでしょう[3]。

4. ロボットに触れて教える

図 11 のドア開けでは、「構造化された柔らかさ」は、外力によって可能な運動を制限されたとき、その制限に自然に馴染むように運動を行える利点として利用されました。日常環境において、ドア開け以外にも類似の運動を多く挙げることができると思いますが、ここでは一気に視点を変え、人間がロボットアームに触れ、力を加えることで運動を制限する場合に着目したいと思います。

図 12 は、われわれがこれまでに提案した直接教示手法（人間がロボットアームをつかんで運動させて目標の運動を教える手法[4]）によって運動を教示した際の連続写真です。この手法の面白い点は、たとえロボットが別の運動を実行中であっても、人間が目標の運動を教示してやれば、その目標を再現できる点です。産業用ロボットにおいても直接教示は一般的な手法ですが、運動中のロボットに人間が触れるのは非常に危険なので、教示を行う際は関節が自ら動かないようにした状態にする必要があります。しかし、われわれの筋骨格ロボットアームは、優れた柔軟性により、運動中であっても人間が触れて外力を与えることが可能です。そして、与えられた制限を知ることなく、それに自然に馴染んで運動する

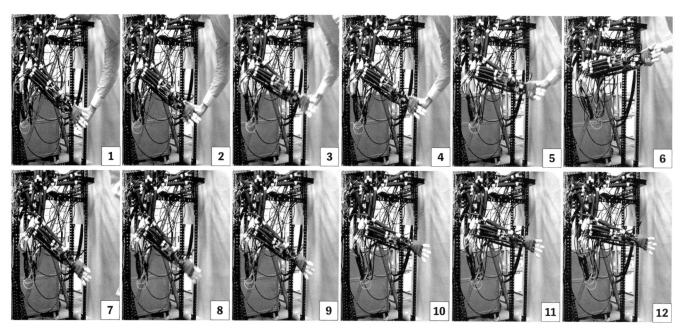

図12. 筋骨格ロボットアームの直接教示

ことができるので、産業用ロボットアームとは異なり、運動を制限するのがドアなのか人間なのかは致命的な差になりません。そのため、たとえ図11のドア開け中のロボットの手を無理やりドアノブから引きはがし、目的の運動を強制的に行わせたとしても、その時の筋肉の情報を読み取って保存さえしておけば、目的の運動を後から再現することが可能です。また、運動中のロボットに目的の運動を強制させるのは困難に思えるかもしれませんが、人間に似た筋骨格構造が生む「構造化された柔らかさ」により、手先をつかんで動かすだけで各関節に自然な負荷が分散されるので、特定の関節だけが著しく動いて不自然な運動になることもありません。この例もまた、「構造化された柔らかさ」を上手く活かすことで可能になった機能といえるでしょう。

空脚K ― 跳躍における関節の連動 ―

池本 周平

1. 筋骨格系が実現する脚運動

　脚を使った移動は、動物の運動の内、ロボットによる再現が最も困難な運動の一つです。前節では、空中で何も触れずに目標の位置に手先を持って行ったり、軌道に追従したりするのが得意な産業用ロボットアームに対し、空気圧人工筋で駆動される筋骨格ロボットアームは、環境との接触を簡単に実現して利用する点に大きな特徴があることを説明しました。脚移動は、そもそも環境との接触とその接触状態の変化なくして達成できない運動です。そのため、従来のロボットでは難しいと考えられてきた脚移動においても、空気圧人工筋で駆動される筋骨格から生まれる「構造化された柔らかさ」が大きく役立つと考えられます。

　まず、人間が膝を曲げてしゃがんだ状態から膝を伸ばして立ち上がるという単純な運動を例に、脚の筋骨格系が持つ役割について考えてみましょう。これは、ほとんど無意識に行える運動ですが、その成功には脚を伸ばすという運動以外に上体が傾いて倒れないようにすることが不可欠です。そのため、この非常に単純に思われる運動であっても、通常のロボットで適切に実行するには関節の連動に関する多くの計算が付きまといます。さらに、このような運動を高速に実行する運動として跳躍を考えてみましょう。運動が速くなるほど慣性の影響が強くなり、関節の連動に関する計算はより複雑になります。また、着地してから足が離れるまでの短い時間でそれを計算しなければなりません。そのため、跳躍は、通常のロボットでは難しい運動と見なされます。ここで立ち上がる素朴な疑問は、「人間が立ち上がったり跳躍するとき、果たして同じような計算を脳内で高速に実行しているのか?」という疑問です。

　もちろん、この疑問に対する確たる答えを得るには、さらなる科学の発展を待つ必要があります。しかし、人間の脚に見られる筋骨格系をロボティクスの視点で眺めると、関節の連動に関する計算を著しく低減させる機能が備わっている可能性が見えてきます。そこでわれわれは、人間の脚に見られる筋骨格系を参考に一脚跳躍ロボット「空脚K」(全長73センチメートル、重量4.3キログラム、図13)を開発し、その機能の検証を行うことにしました。

2. 一脚筋骨格ロボットによる跳躍

　図13は空脚Kの写真です。空脚Kは一脚ロボットなので、1自由度の足首関節、膝関節、腰関節それぞれ一つずつしかありません。そのため、脚を伸

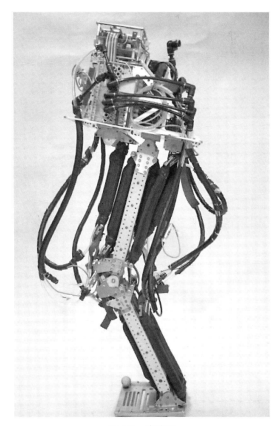

図13. 空脚K

ばすだけならば、各関節に空気圧人工筋を1本ずつの計3本、脚を曲げることを考えても、その2倍の計6本の空気圧人工筋しか必要ないはずです。しかし、空脚Kには、計9本の空気圧人工筋が搭載されています。その理由は、人間の脚に見られる「二関節筋」を模倣するためです。人間の関節の周りには、当然、それを動かすために多くの筋肉が存在しています。実はその中には、その筋肉が収縮したときにある一つの関節が動くような「単関節筋」と複数の関節が連動して動くような「多関節筋」の両方が存在しています。空脚Kが持つ二関節筋とは、その空気圧人工筋が収縮することで二つの関節が連動して動くように配置された筋を指します。二関節筋の重要な機能は、たとえ運動中に積極的に収縮させなくとも、一定の活動を保っているだけで、それが関与する関節の連動を作り出す点にあります。

図14は、空脚Kによる連続跳躍の連続写真です。空脚Kに連続跳躍させるために用いた制御は極めて単純です。具体的には、空脚Kの足裏には床面との接触を感知するセンサーが備わっており、センサーが反応したら制御弁を開いて単関節筋に圧縮空気を供給し、一定時間後にその空気を廃棄するというルールで動作しています。普通のロボットをこのようなルールだけで動作させたとしても、最も負荷が掛かっていない回しやすい関節が大きく回転し、バランスを崩してしまうのは明白です。しかし、空脚Kが備える二関節筋は、負荷を関節間で分散させ、関節間の連動を生むことができるため、ある関節だけ極端に回転してバランスを崩すことはありません。さらに、空気圧人工筋単体が持つ柔軟性も、着地時に身体の運動エネルギーを筋の弾性エネルギーに変換して、跳躍時に回生するという大きな役割を果たしています。そして、そのエネルギー回生のプロセスでも二関節筋を含む適切に設計された筋骨格系を通じ、関節間の適切な関係性が保たれることになります。空脚Kは、「構造化された柔らかさ」が私たちの脚移動に重要であることを如実に伝えているといえるでしょう[5]。

図14. 空脚Kによる連続跳躍

三次元二足歩行ロボットPneumatシリーズ
― 歩行のための身体設計 ―

細田 耕

1. 計算のいらない歩行

　人間を含めた生物の脚移動が優れているのは、地形や移動速度に応じて、その移動方法を変えることができることです。たとえば、人間には、歩く、走る、跳躍するなど、複数の移動方法があります。これに対して、ロボットは、跳躍専用のロボットであれば、歩行はできない、など単機能であることがほとんどです。このようにいくつかの移動方法を選ぶことができる一つの理由は、生物の脚が、筋骨格でできていることにあると考えられています。このような仮説を検証するために、われわれは、Pneumat（ニューマット）シリーズと呼ばれる人間型二足ロボットを開発してきました。図15の左に示されているのは、そのもっとも古いロボットであるPneumat-BT（全長105センチメートル、重量9.6キログラム）です[6]。

　二足ロボットPneumat-BTは、効率的かつ、コンピューターによる計算がほとんど必要ない二足歩行についての研究を進めるために開発されました。モーターによって駆動されるヒューマノイドロボットの場合、歩行を実現するためには、バランスを崩さないように、重心の動きを設計し、それに応じた足の位置を決め、その位置に足を動かすために脚の関節をどのように動かすかを計画し、計画された軌道通りに動くように、各モーターに電力が供給される、という手順を踏みます。これらの手順には、コンピューターによる多量の計算を必要とします。一方で、私たちが歩くときに、脳がそのような計算をしているのでしょうか？　このような計算が脳に大きな負荷を与えると、その間他の作業はできなくなります。また、脳から筋へと命令が伝達される速度もそんなに大きくないため、おそらく、脳からの命令を待っていたら、ゆっくりとしか動けないはずです。

2. 受動的歩行ロボットPneumat-BT

　一方で、脚を振り子のように考え、その固有振動を利用すれば、いちいち脚関節の動きを設計しなくても、脚が勝手に動いてくれます。固有振動を利

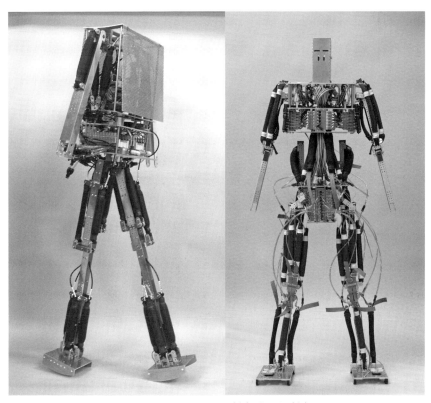

図15. Pneumat-BT（左）とBS（右）

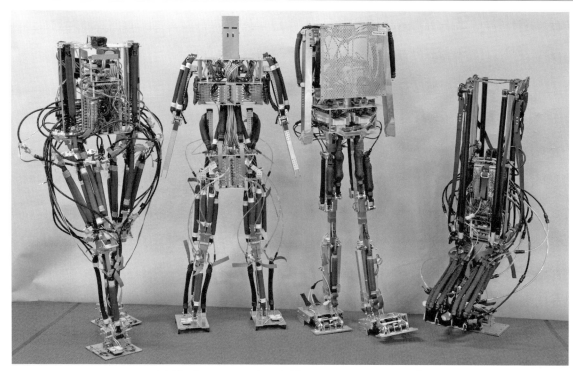

図 16. Pneumat シリーズ（左から BR、BS、BT、BH）

用するため、エネルギー効率も極めてよくなります。このような歩行は「受動歩行」と呼ばれ、1990年頃から精力的に研究されています。そして、この受動歩行という考え方と、筋による駆動は相性が良いことがわかっています。筋による駆動を使うと、脚を積極的に動かしたいときには、筋に張力を発生し、一方脚の固有振動を利用すると、筋による張力を小さくすることによって、脚自体の特性を十分に利用することができるからです。Pneumat-BT は、このような筋の性質を利用して、持続的な二足歩行ができることを示すために開発されたロボットでした。

3. 三次元的な筋配置を持つPneumat-BS

Pneumat-BT は歩行する条件などについて一定の結果が得られた一方で、人間の歩行を知るという意味では、大きな問題がありました。各脚に対して、それを駆動するための人工筋が、矢状面内（脚を振り出す面）にしか配置されていないことです。人間の場合、筋肉は、三次元的に、しかも絡み合うように配置されており、その構造が、歩行などの移動にどのように役に立つかを知るためには、二次元の人工筋配置しか持たないPneumat-BTでは不足でした。

図 15 の右と図 16 に示すロボット Pneumat-BS（全長 118 センチメートル、重量 10.1 キログラム）は、人間の下肢について、筋の三次元的な配置を模して造られたロボットです。たとえば代表的なのは、腰についている縫工筋と呼ばれる人工筋で、これが収縮すると脚は前方に上がるだけではなく、外転（身体の外側に回転）します。このように、ある人工筋が単純な平面内の運動を生み出すのではなく、筋のネットワークがお互いに干渉しながら複雑な運動を生み出すのが生物の身体であり、このような一見複雑な運動が、脳による計算を肩代わりして、歩行や跳躍などの運動に直接役に立っていることが、このロボットで示されました[7]。

これらのロボットは、その筋骨格構造がもたらす運動性能について主に研究するために作られたので、状態を観測するセンサーの数が絶対的に不足しています。人間の場合には、各筋肉には、センサーが備えられており、これらからの信号によって、自分自身の状態を知ることができます。将来的には、これらのセンサー信号と、筋骨格との関係をさらに明らかにしていく必要があります。

PneuHound ―高速な四脚走行への挑戦―

細田 耕

1. 生物とロボットの走行

　生物の歩行は、ゆっくりとした移動様式で、四肢の動きは、身体の持っている固有の振動数、つまり重さに任せて振った時の速度と、おおよそ同じ速度です。脚が地面を離れてから、次に地面に着地するまでには、ある程度の時間がかかるので、たとえばその運動を脳が計画しているとしても、まったく間に合わない、というわけではありません。しかし、走行の場合、その身体の運動スピードは、身体自体が持っている固有の振動と比較して、速くなります。その結果、その運動すべてに対して、大きく脳がかかわっていると間に合わない、ということになります。現状のロボットで走行が難しいのは、コンピューターが走行のための運動をすべて記述しているからであり、そのためコンピューターに大きな計算負荷をかけてしまうからです。

　一方、生物は極めて速度の速い走行を、いとも簡単に実現しています。現状のロボットと生物の間には、どのような運動原理の違いがあるのでしょうか。それを理解するためには、走行を実現するロボットを作ってみることが重要になります。なぜなら、生物が運動する環境は、平らな平面ではなく、でこぼこで、適応が必要です。もし地面が平らなことがはじめからわかっていれば、脳による計算を一切しなくても、あらかじめうまく設計された脚の動きだけで走行をすることができるからです。

2. 四脚ロボット PneuHound

　走行に関するこのような一連の議論を経て、生物の走行の原理を探るために、われわれは図17と18

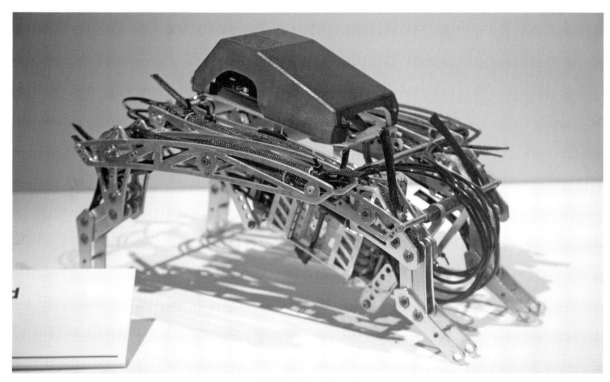

図 17. PneuHound

に示すような四脚ロボットPneuHound（全長37セ
ンチメートル、重量3.7キログラム）を設計、試作
しました。ご覧のように、PneuHoundはここまで
紹介してきたような二脚ロボットではなく、四本の
脚を持っています。それには大きな理由があります。

　二脚ロボットの場合、歩行や走行などの移動運
動を実現しようとすると、どうしてもバランスと移
動、という二つの要素を考える必要があります。転
倒を防ぐためにバランスのよい身体や制御を設計す
ると、バランスが良すぎることによって移動がしに
くくなります。一方で、移動しやすいように不安定
な身体や制御を設計すると、バランスを容易に崩し
て転倒してしまいます。このように二脚移動の場合、
バランスと移動という二つの矛盾する目的を上手に
解決しなければ、移動運動を実現することができ
ません。一方、四脚ロボットの場合、脚がより多い
ために、バランスに関しては、問題が二脚の場合に
比べてより簡単になります。バランスがよくなるこ
とによって、移動を作り出すことが難しくなります。
したがって、四脚ロボットの場合、矛盾する二つの
問題をどのように解くか、という問題が、バランス
が取れていて運動が難しい身体を使って運動を作
り出すか、という一つの問題に集約することができ
ます。移動により集中して、問題を解決することが
できるということです。

3. 空気圧人工筋配置の設計

　PneuHoundもまた、他のヒューマノイドロボット
と同様に、空気圧人工筋によって駆動されています。
身体のサイズは、全長が37センチメートル、およそ
中型犬サイズで、体重は、およそ3.7キログラムです。
このコンパクトな身体に、脚を駆駆動するための人

工筋と空気圧弁をすべて搭載するために、詳細な設
計が行われました。各脚を駆動している空気圧人工
筋ですが、これまでみてきたように、一つの関節を
両方向に動かすには、最低2本の筋肉が必要になり
ます。脚には、肩、ひじ、足首の三関節があります
ので、普通に考えると、脚1本当たり6本、身体全
体で、24本の空気圧人工筋が必要になります。また、
各人工筋は一つの電磁弁で制御されますので、電磁
弁もまた、24個用意する必要があります。ロボット
のサイズが限られているので、これらの人工筋のう
ち、ばねに置き換えることができるものは、できる
だけ置き換えることによって、脚1本当たり3本の空
気圧人工筋で駆動できるように、機構を設計しまし
た。4本の脚を駆動するのに、12個の電磁弁があれ
ばよいということになります。各脚は、それを前後
に振り動かす2本の筋と、脚を収縮する1本の筋に
よって駆動することとしました。これによって、ロボッ
ト全体のサイズを大幅に小さくすることができ、ま
た走行時に必要な空気量を抑えることにもつながり
ました。

　その結果、各脚は、精密にその動きを制御するこ
とができません。ここでは、あらかじめ、ある決め
られたパターンで電磁弁を開けたり、閉めたりする
こととし、センサーなどを使ったフィードバックを
含まない、完全なフィードフォワード制御で走行を
実現することとします。地面との衝突で、身体を上
方向に持ち上げてしまわないように、パターンをテ
ストを重ねて決定しました。人工筋はゴムでできて
いるため、柔らかく、地面と衝突した時の衝撃を柔
らかく吸収することができるという特徴を持ってい
ます。電気モーターのように、地面との衝突によっ
て壊れてしまうこともなく、その意味で、非常に高
速な動作が可能になります。

図 18. PneuHound とイヌ

4. 電磁弁からなる腹部

電磁弁は、体重の大部分を占める重量的に主要なパーツになります。この部分をどのように配置するかは、イヌ型ロボットを設計する上では非常に難しい問題となります。PneuHound（図 18）では、この電磁弁の集合体が、実際の動物の腹部のように、背中から懸垂される構造となっています。走行しているときのビデオを詳細に観察すると、脚部が激しく動いているにもかかわらず、電磁弁からなる「腹部」はあまり動いていないことが見て取れます。

このように、PneuHound は、各脚の持つ人工筋によってもたらされる柔軟性と、電磁空気圧弁からなる腹部の懸垂機構というこれまでの四脚ロボットにはなかった特徴を持ち、これらが、高速走行にどのような影響を及ぼすかを調べることができるプラットフォームになっています。通常、このようなロボットを制御するためには、各脚の先端に、接触センサーや力覚センサーをつけ、地面との干渉を計測、フィードバックすることが安定な歩行に必要となるのですが、PneuHound の場合には、身体の柔らかさがこれを肩代わりしており、フィードバックが必要ありません。生物の場合も、走行のように早い移動様式をとっている場合に、脳が多量の情報処理を必要とすると、脚を動かす筋肉との通信が制御全体に間に合うとは考えられず、ここで PneuHound で考えられているような、周辺計算がどうしても必要となります。

第3章　柔らかく動く人工筋ロボット　47

Pneupard ―身体に埋め込まれた歩行パターン―

細田 耕

　Pneupard(ニューパルド)は、PneuHoundよりも一回り大きい四脚ロボットです（図19）。PneuHoundが、だいたい小型のイヌのサイズであるのに対して、Pneupard（全長85センチメートル、重量6.4キログラム）は大型のネコ科の動物（チーターやレオパルド）程度のサイズを有しています。PneuHoundは、各脚が人工筋によって駆動されたり、腹部に相当する電磁弁の集合体が懸垂されていることによる身体の柔らかさが、高速走行にどのように役に立つかを調べるプラットフォームであったのに対し、Pneupardは、比較的大きな身体に、実際のネコ科の動物が持つのと相同な筋骨格構造を持つように設計されています。

　Pneupardでの研究の焦点は、実際の生物と相同な筋骨格構造がもたらす運動が、歩行や走行にどのような影響を及ぼすかを示すことでした。具体的には、脚移動に欠かせない左右の脚が交互に動く運動に着目し、生物の筋骨格構造の役割を調査しました。われわれの考えは、脳が左右の脚を交互に動かすだけでなく、筋骨格構造が、その歩行・走行にとって基礎的な運動の実現に寄与しているというもので、Pneupardを用いて仮説検証を行いました。実験では、脚先に取り付けられた接触センサーの信号をトリガーとし、その脚の筋に一定の動きをさせることによって、左右の脚の間で運動を調整しなくとも、左右の脚が交互に動き、バランスをとりながらゆっくりと歩行させることに成功しました[8]。

　このプラットフォームを用いることによって、実際の生物でも、筋同士にどのような協働が起こっているか、それが運動にどのような影響を与えているかを調べることができます。また、その知見をロボットに応用すれば、生物のように優れた脚移動を実現する一助となるはずです。

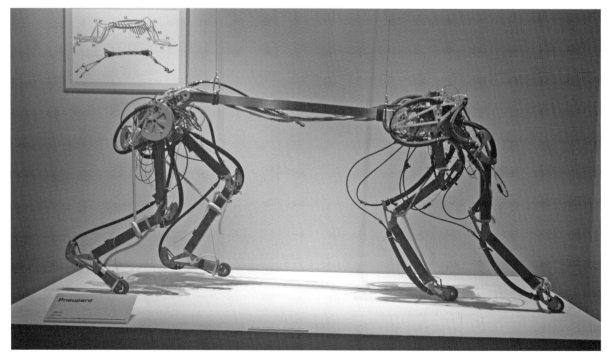

図19. Pneupard

コミュニケーションを促す子ども型ロボット

吉川 雄一郎　大阪大学大学院工学研究科・教授

人と人をつなぐロボット

近年、ロボット工学の技術の発展・普及とともに、ロボットの研究は人と直接かかわるロボットの実現に焦点を移しつつあります。中でも、人の生活環境の中で人と対話ができる人型ロボットの研究が盛んに行われています（図1）。その活躍が期待される場面としては、

- エンターテインメント
- 情報提供
- 情報伝達
- 通訳
- 接客
- セラピーやカウンセリング
- 教育・療育

など多岐に及びます。そのような従来、人が担ってきた役割を人型ロボットが担うことが考えられているのは、ロボットが人の形をしていることで、人がより直観的に（普段、他人に対してしているのと同じように）、それとやりとりがすることができることが期待されるためです。

そのようなロボットは、単に音声を発したりするなどして、情報伝達ができるだけではなく、人が対話の中で自然と達成しているように、体や視線や表情を用いて感情や意図を伝えたり、人が発する言葉やこれらの非言語的な情報を読み取れるようになる必要があり、さまざまな研究開発がなされています[1]。

逆に、そのようなことができるようになることで、ロボットはロボット特有の人にはない性質を利用して、人以上にうまく、人と関わることができるよう

図1. 開発されたアンドロイドロボット

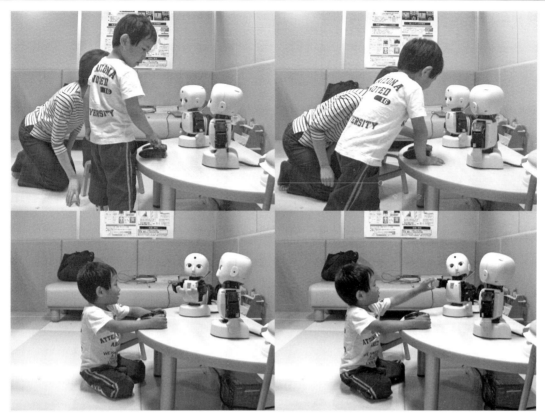

図2. 子どもにコミュニケーションの機会を与えるロボット

になる可能性があります。たとえば、人には気を遣うけれど、ロボットにはそうしなくても気にならない、という人は、より気楽にロボットと関わることができます。

また人は、同時にいくつものことに注意をはらうことは難しいですが、多数のセンサーを持つロボットであれば、複数の人と対話している間、多数の人に同時に気を払い続けながら、誰かが孤立しないように、サポートをする、ということも考えられます。つまり、人と対話できるロボットは、人と人をつなぐことを助ける役割を担うことができる可能性があります。

さらに、いわゆる自閉スペクトラム症の子どもたちなど、周囲の人とのコミュニケーションに問題を抱える人に対して、相手に脅威を与えない形で、かつ粘り強い形で、その人たちと向き合い、コミュニケーションの療育の機会を作る役割を、人と対話できるロボットが担える可能性があります（図2）[2]。これも一種の、人と人をつなぐことを助ける役割です。

しかし、そもそも人がどのようにそれを達成しているのかが不明であり、そのようなロボットの能力を実現することは容易ではありません。これに対し、大阪大学では、工学研究科の浅田稔教授や基礎工学研究科の石黒浩教授などの研究グループにおいて、人のように人と対話できるロボットの研究、あるいはそのように発達していくことのできるロボットの研究が行われてきました。

本節では、浅田と石黒の研究グループの一連の研究の中で、開発してきたロボットを紹介します。M^3-Synchy、M^3-Neony、M^3-Kindyという三種類のロボットは、浅田教授が研究統括を務めたJST ERATOのプロジェクトにおいて、石黒教授が率いた社会的共創知能グループで開発してきた研究プラットフォームとなるロボットです[3]。CommUとSotaは、M^3-Synchyの研究を発展させる形で、石黒教授が率いる別のJST ERATOにおいて開発されたロボットであり、本節で、本テーマに関する大阪大学での取り組みの流れを俯瞰することができます。

M³-Synchy ― 人とシンクロするロボット ―

　M³-Synchy（エムスリーシンキー）（図3）は、人の認知発達過程を再現する「赤ちゃんロボット」を作ることを目指したJST ERATO浅田共創知能システムプロジェクト（研究統括：浅田稔教授）の社会的共創知能グループ（グループリーダー：石黒浩教授）の研究の一環として開発された、小型の人間型ロボットです[3]。

　M³-Synchyは、複数のロボットと人の間の社会的相互作用を実現するための最小限の機能を備えています。M³-Synchyは、左右の旋回と前傾・後傾ができる2自由度の腰、それぞれ3自由度の左右の腕、左右旋回・前傾後傾・左右傾げの3自由度の首、左右合わせて3自由度の眼球、開閉のできる1自由度の口、足の代わりの移動機構となる左右独立回転のできる2自由度の車輪、の計17自由度を有しています（図4左）。M³-Synchyはこれらの自由度で体部位を動かし、視線配布やしぐさを生成することができます。これらのロボットの自由度は、汎用のロボット用サーボモーターおよび教材用のモーター制御マイコンが採用され、高いメンテナンス性および開発容易性を備えています。またM³-Synchyは、頬部や頭部に、LEDが備え付けられており、内部状態を表現することができます（図4右下）。胸部には、スピーカーとマイクが搭載されており、口を同期させてスピーカーから音声を再生することで、喋っているように見せることができます。また頭部には市販のUSBカメラが搭載されており、視覚認識の機能を開発することができます。

　人の少人数の対話場面でのコミュニケーションを題材とした研究に使用されることを意図して、M³-Synchyは、視線を強調するデザインが採用されています。また顔面部のマグネット式の鼻や耳を取り変えることで、個体識別をすることができるように

図3. M³-Synchy

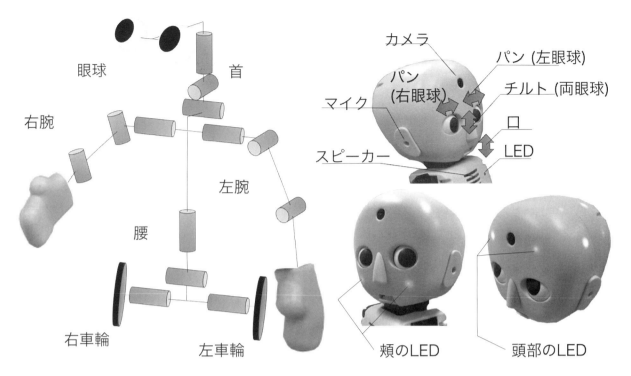

図4. M^3-Synchy の自由度と搭載デバイス

なっています。図6はM^3-Synchyのプロトタイプ版です。

JST ERATO浅田共創知能システムプロジェクトでは、M^3-Synchyを用いて、人から社会的スキルを学習するロボットの研究を実施しました（図5）。また、M^3-Synchyを複数体で連携させて、社会的な振る舞いを人に提示することで、人の社会的認知の研究を実施しました（図7、8）。

M^3-Synchyのデザインや研究成果は、後で述べる社会的対話ロボットCommUの開発に活かされています。

図5. M^3-Synchy と人のやりとり

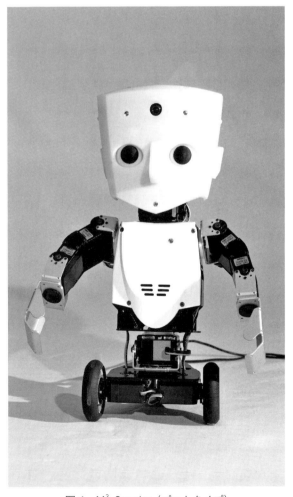

図6. M^3-Synchy（プロトタイプ）

図 7. 五体の M^3-Synchy

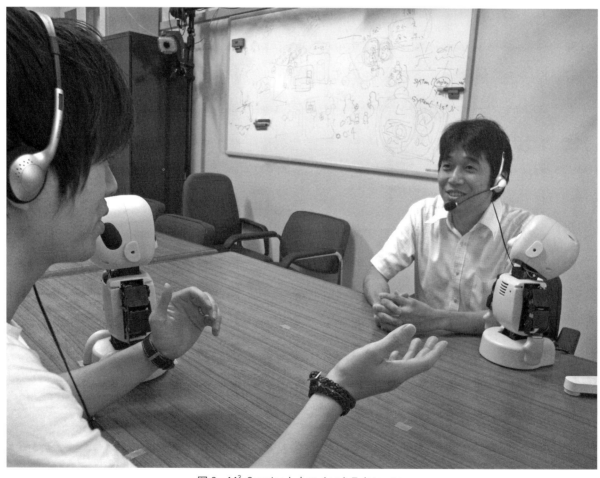

図 8. M^3-Synchy と人のインタラクション

M³-Neony ―人と触れ合うロボット―

図 9. M³-Neony（はいはい動作時）

M³-Neony（図9、10）もJST ERATO浅田共創知能システムプロジェクトの社会的共創知能グループの研究の一環として開発された、小型の人型ロボットです[3]。高性能小型ヒューマノイドロボットVisiON 4G（第6章参照）をよりマルチモーダルな（複数の感覚様式による）環境との相互作用が可能となるよう改良したもので（図11、12）、その最大の特徴は、全身にフォトインタラプター（透過型フォトセンサー）を用いた触覚センサーを取り付けられているところです（図13）。

JST ERATO浅田共創知能システムプロジェクトやその後研究を引き継いだ大阪大学大学院基礎工学研究科石黒研究室では、M³-Neonyを用いて、人のはいはいのような全身運動の研究（図9）や、Teaching by Touchingとよぶ、人が触れることにより動作を教える研究を実施しました（図14）。

図 10. M³-Neony（立位）

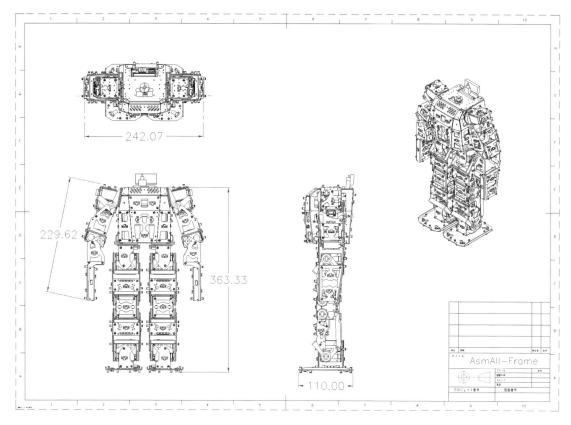

図 11. M³-Neony の設計図

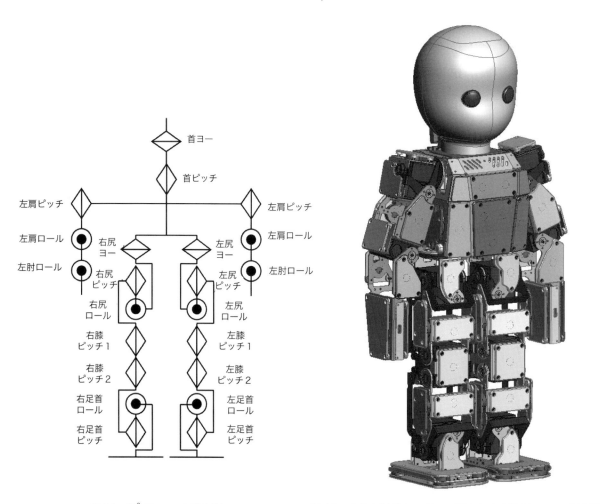

図 12. M³-Neony の自由度　　図 13. 全身を触覚センサーで覆われた M³-Neony の組立図

図 14. M^3-Neony の人と触れ合うインタラクション

M³-Kindy ―人と共に歩くロボット―

図 15. M³-Kindy（簡易版）

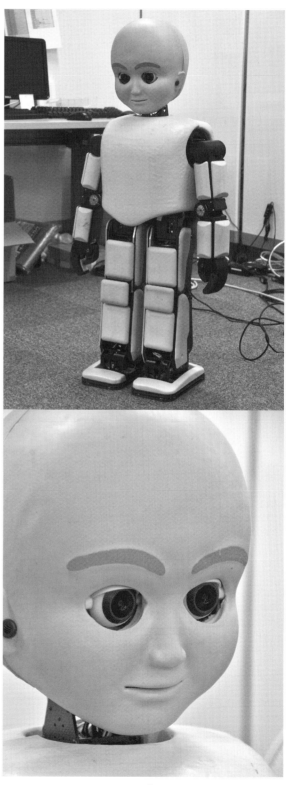

図 16. M³-Kindy

M³-Kindy（図15、16）も JST ERATO 浅田共創知能システムプロジェクトの社会的共創知能グループの研究の一環として開発された、子どもサイズの人型ロボットです[3]。

M³-Kindyは、株式会社ヴイストンが開発したTichno（第6章参照）をベースに開発した子ども型ロボットで、接触が検出できる柔らかい外装（図17）と豊かな表情表出（図18）ができることが特徴です。他者との対面相互作用を実現しやすい子どもサイズでデザインされました。

JST ERATO 浅田共創知能システムプロジェクトでは、M³-Kindyを用いて、人と目を合わせながら、手をつないで歩くなどの、人との豊かな相互作用を実現しました（図20）。

図15と19は、そのプロトタイプ版で、よりシンプルな表情表出機構が採用されています。

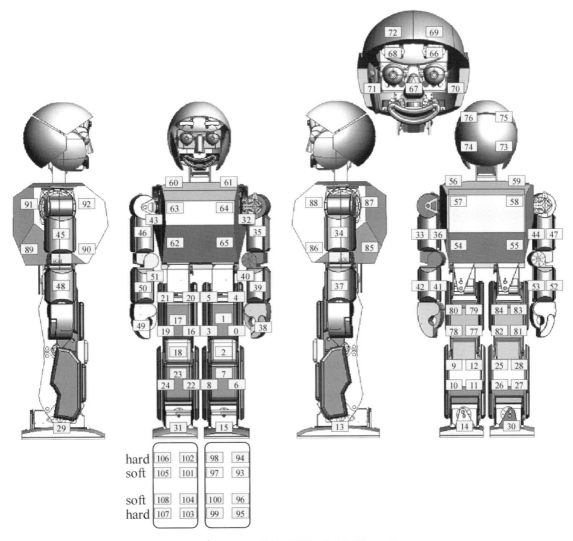

図 17. M^3-Kindy の形状と配置された触覚センサー

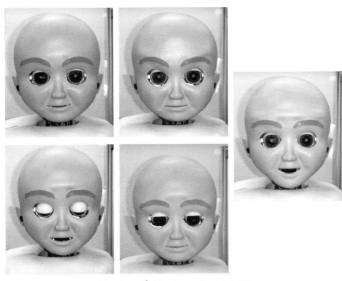

図 18. M^3-Kindy の多様な表情

図 19. 調整中の M^3-Kindy

第4章 コミュニケーションを促す子ども型ロボット

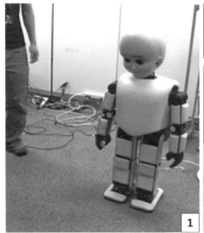

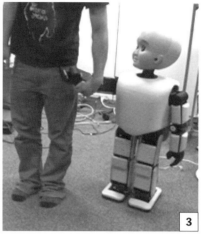
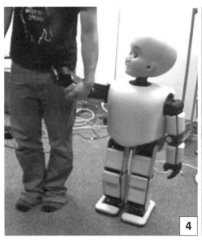
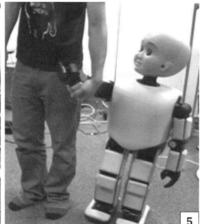
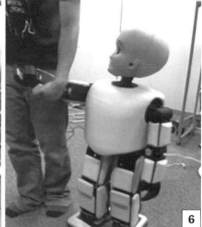
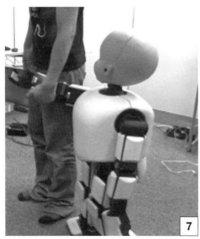
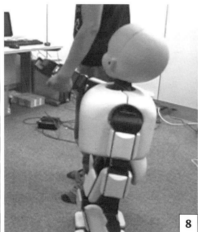
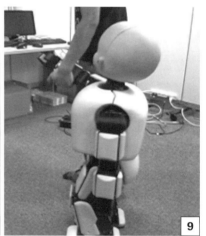

図 20. M^3-Kindy の手つなぎ歩行の様子

CommUとSota ― 実社会で人と関わるロボット ―

図21. 社会的対話ロボット CommU と Sota

　社会的対話ロボット「CommU: Communication Unity」(図21左)と「Sota: Social Talker」(図21右)は、JST ERATO 石黒共生ヒューマンロボットインタラクションプロジェクトにおいて、大阪大学大学院基礎工学研究科の石黒浩教授と吉川雄一郎准教授らが、ヴイストン株式会社と共同して開発した人型ロボットです。これらのロボットは二体のアンドロイド(オトナロイドとコドモロイド)が紹介する形で発表をして、アンドロイドとロボットだけの世界初の報道発表をした(された)ロボットです(図22)。

　近年のロボット研究では、人と対話できるロボットの開発が注目されていますが、人が人と対話しているときに抱く対話感(対話に参加しているという感覚)と同等の感覚を与えられるロボットは実現されていませんでした(図23)。

　CommUとSotaは、複数のロボット同士の対話を人に見せることを基本に、より高度な対話感を実現する新しい形態のテーブルトップ型対話ロボットです。このロボットとの対話では、ロボットが人に向かって話しているのか、ロボットに向かって話しているかがはっきりと区別できます。また同時に、対話の参加者となる人やロボットを無視していないように見せる「社会的振る舞い」もできます。

　CommUは、眼球部、頭部、胴体部からなる豊富な自由度を持つ機構を用いることで、多様な視線表現を実現しています。ロボット同士が対話しながら、時折、参加者(人)に質問をし、同意を求めることで、参加者がロボットとの対話感(対話に参加している感覚)を覚えながら、ロボットの話を聞くことができます(図24)。

図 22. アンドロイドと社会的対話ロボットだけの報道発表

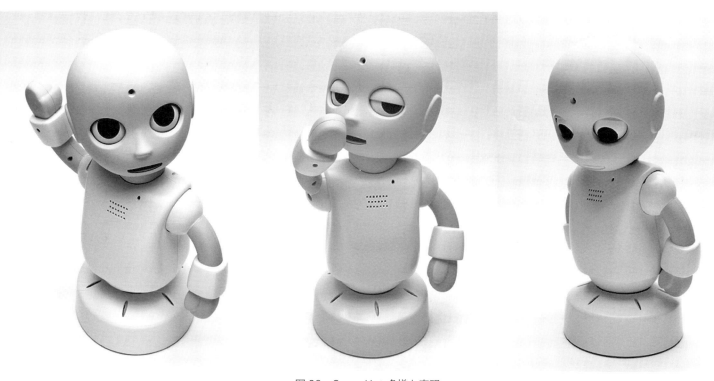

図 23. CommU の多様な表現

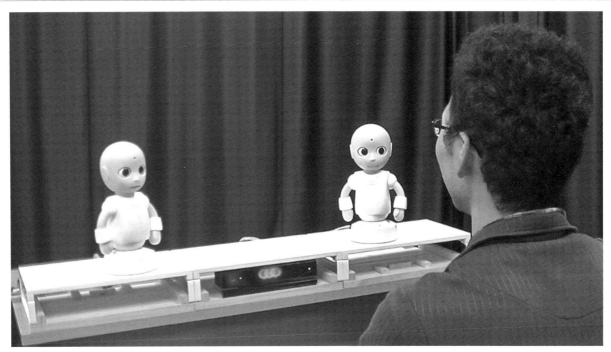

図 24. 複数の CommU と人が話す様子

図 25. 社会的対話ロボットの実証実験（日本科学未来館）

　Sotaは、CommUの研究結果に基づき、人と関わるロボットを広く普及させることを目的に開発されたロボットプラットフォームです。CommUに比べてよりシンプルな機構を採用するとともに、ロボットクリエイターの高橋智隆氏による親しみやすいキャラクターデザインを取り入れ、一般家庭への普及を目指して開発されました。

　図26は、今後、これらのロボットを用いた開発が期待される、人の生活環境における対話ロボットによるアプリケーションの未来像を例を描いています（人を癒す対話（上段）・英語教育（中段）・情報提供（下段））。

　石黒研究室では、その手始めとして、日本科学未来館で2016年7月に、NTTコミュニケーション科学研究所との共同研究の一環として、来場者が三体のCommUと三体のSotaのいずれかと音声対話ができるシステムの3か月間の実証実験（図25）を実施するなど、実社会への普及を目指した研究を進めています。

図 26. 社会的対話ロボットによるサービス提供のイメージ
（株式会社ヴイストンのプロモーションビデオより）

第5章

ロボカップ・阪大チームの歴史

河合 祐司 　大阪大学大学院工学研究科・助教

ロボカップ

1. ロボカップとは

ロボカップは「2050年までに、サッカーのワールドカップチャンピオンチームに勝つヒューマノイドロボットチームを作る」ことを目標にしたロボットと人工知能の標準課題として日本の研究者らによって1993年に提案されました。その創始者の一人が大阪大学の浅田稔教授です。

今となっては考えにくいと思いますが、当時のロボットと人工知能はまったく別の研究分野でした。身体と脳を分けて考えるように、ロボット工学はボディの制御、人工知能研究は身体から離れた記号的な推論に主眼が置かれ、それらが交わることはほとんどありませんでした。また、それらは実環境におかれることはなく、極端に単純化された環境でしか動作しないものでした。たとえば、一見平面なフィールドでも微妙な凹凸があり、光源のわずかな変化でものの見え方は大きく変わります。また、チーム戦となれば、味方や相手がどのような動作をするのか膨大な組み合わせの中から推論しながら協調する必要があります。ロボットが私たちの世界で活躍するためには、このような複雑で不確かな環境の中でも頑健に動作しなければなりません。そこで、ロボットと人工知能の叡智を結集し、実環境におけるロボットによるサッカー競技を通じて国際的に競い合い交流することで、その困難を克服し、その技術を社会に還元していくことを真の目的として、ロボカップは提案されました。

ロボカップサッカーの大きな特徴の一つは、ロボットの自律性にあります。人が外部からロボットを操縦するのではなく、ロボットに搭載されたコンピューターを使って自分で考えて動作します（ただし、一部のリーグを除きます）。

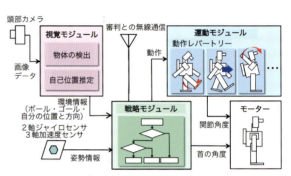

図1. ロボカップシステムの一例（[1]を改変）

図1に筆者らが用いていたロボットシステムの模式図を示します[1]。カメラなどのセンサー情報を基に、世界と自分の状態（ボールやゴール、自分、チームメイトの位置など）を推定し、戦略に従って動作を生成します。この、私たち人がいともたやすく行っていることがロボットでは非常に難しいのです。たとえば、ロボットはカメラで捉えた白線やゴールポスト（ランドマーク）から、自分がフィールドのどこに位置するのかを常に推定しなければなりません。しかし、ランドマークの誤認識や転倒からすぐに自己位置を見失ってしまいます。これまでの章でも強調されていましたが、ロボットを作ることで、改めて人の持つシステムの凄さを実感します。

現在のロボカップはサッカー競技にとどまらず、瓦礫の中で被災者を探索するロボカップレスキューや、家庭内での日常生活を支援するロボカップ＠ホーム、工場や倉庫などで物体を扱うロボカップインダストリアルなども開催されています。いずれのリーグにおいても、実環境ではたらくロボット技術が研鑽されており、技術の向上に従って競技の見応えやエンターテイメント性も上がっています。ロボカップで培われたロボット技術が私たちの仕事や生活を支える日も近いでしょう。

図2. 1997年第一回ロボカップ世界大会

2. ロボカップの変遷

1995年に日本人工知能学会の国際人工知能シンポジウムでロボカップに関する特別セッションが催され、1996年に知能ロボット・システムに関する国際会議（IROS）のイベントとして、ロボカップのプレ大会が大阪で開催されました。そして、1997年に、名古屋で第一回のロボカップ世界大会が開催されました。図2はその様子です。その参加チーム数はおよそ30でした。当時は車輪型ロボットがボールを見つけるのがやっとで、お世辞にもサッカーをしているとはいえない状況でした。

その後、その規模は急速に拡大していきます。図3に参加チーム数の推移を示しますが、リーグの分化に伴って参加チーム数が増加していることがわかります。

それから20年を経た2017年に、世界大会が名古屋に凱旋しての開催となりました。世界42カ国、およそ三千人が参加し、来場者はおよそ13万人で大いに盛り上がりました（図4）。二足歩行ヒュー

図4. 2017年第二十回ロボカップ世界大会

マノドロボットが観客を沸かせるプレーを魅せており、この20年でいかにロボット技術が発展したかがわかります。

3. 大阪大学チームの歴史

大阪大学のチームは、第一回世界大会から継続してロボカップに参加しています。次のページにその歴史をまとめます。大阪大学チームは二足歩行リーグが設立された当初からそのリーグに参加するなど、ロボカップを牽引する役割を担っているといえます。学生が主体となって活動をしており、大会前に学生たちが夜遅くまで残って作業していることが初夏の風物詩になっています。以降の節では、四足歩行と二足歩行のロボットについて紹介します。

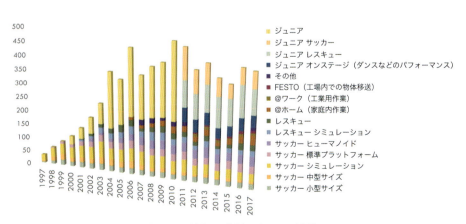

図3. ロボカップ参加チームの推移

ロボカップサッカー・阪大チームの歴史

1997年
第一回世界大会

第一回大会では、車輪で移動するロボットやシミュレーション上のロボットを用いたリーグが開催されました。その翌年から、AIBOを使った四足リーグが始まりました。

AIBO
(チーム名：BabyTigers)

車輪型ロボット
(チーム名：Trackies)

2002年
ヒューマノイドリーグの開催

二足歩行ロボットでサッカーをするリーグが始まりました。黎明期では、歩行すらできないチームがほとんどでしたが、ヒューマノイドロボット技術の発展により、次第に安定した動作ができるようになっていきました。大阪大学チームは2002年の福岡・釜山大会からHOAP-1を用いて参加しました。大阪大学石黒研究室とヴイストン株式会社などの産学連携プロジェクトによって開発されたVisiONシリーズもこのリーグで活躍しました。

HOAP-1
(チーム名：JSenchans)

VisiON4G
(チーム名：JEAP)

2013年
アダルトサイズリーグ優勝

このリーグでは大人サイズのロボットを使います。大阪大学と大阪工業大学の合同チームは、このリーグに優勝し、その大会で最も優れたヒューマノイドロボットに贈られるベストヒューマノイド賞を受賞しました。

Tichno-RN
(チーム名：JoiTech)

現在
標準プラットフォームリーグ参加

標準プラットフォームリーグでは、すべてのチームがアルデバランロボティクス社のロボット「NAO」を使い、そのソフトウェア技術を競います。2017年世界大会＠名古屋にも参戦しました。

NAO (チーム名：JoiTech-SPL)

AIBO ―愛くるしい犬型ロボット―

　AIBO(アイボ)はソニー株式会社の犬型ペットロボットで有名ですが、1999年の世界大会から標準プラットフォーム四足ロボットリーグで使用されていました。標準プラットフォームリーグでは、すべてのチームの選手がAIBOで統一され、そのソフトウェア技術を競います。AIBOの販売終了に伴い、2008年の世界大会で公式の四足ロボットリーグも終了となり、それ以降の標準プラットフォームリーグのロボットはアルデバランロボティクス社の二足歩行ロボットNaoに引き継がれました(79ページ参照)。

図5. ERS-100(虎之介)

　AIBOは体長およそ26センチメートル、体重およそ1.5キログラムです。AIBOにはおよそ四世代ありますが、大阪大学チームで使用したAIBOは初代ERS-100(1999年)、第二世代ERS-200(2000年)、そして、第四世代ERS-7(2007年)です。それぞれの写真を図5～7に示します。

　図8のように、AIBOは足でボールを蹴るだけでなく、頭突きでボールをシュートします。その愛くるしい動きをぜひ動画でご覧ください[*5]。たくさんのAIBOがボールを追いかけている姿は、観客を笑顔にします。浅田教授が阪神タイガースの熱烈なファンであることから、大阪大学チーム名はBaby Tigersとなり、それぞれのロボットに虎にちなんだ愛称が付けられています。

図6. ERS-200(虎徹)

図7. ERS-7

　奇しくも本書の執筆中、2017年11月1日に、ソニーが新型のaibo ERS-1000(旧型は大文字、新型は小文字なのだそう)を発売することを発表しました。そのかわいらしい姿をロボカップで再び目にできることを期待しています。

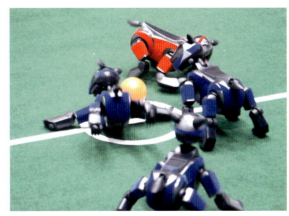

図8. AIBOの頭突きシュート

＊5　たとえばhttps://www.youtube.com/watch?v=RerTewzPzfY(2008年の決勝戦)など多数。

図 9. 四足リーグの様子

HOAP ―希望を背負った二足歩行ロボット―

　HOAP（ホープ）はHumanoid for Open Architecture Platformの略で、まさに希望を背負った研究用プラットフォームロボットとして、2001年に富士通オートメーション株式会社から発表されました。富士通がヒューマノイドロボットを販売していたことに驚かれるかもしれませんが、本田技研工業のASIMOと並び、ヒューマノイドロボット黎明期の重要な国産ヒューマノイドロボットです。このHOAPシリーズは世界中の研究機関で使用されています。身長は48センチメートル、体重は6キログラム、自由度は20あります。

　2002年のロボカップ世界大会からヒューマノイドリーグが公式に始まり大阪大学チームSenchansがこのHOAPで出場しました（図10、11）。この頃のヒューマノイドリーグは小型ロボットのみで、ロボットが二足歩行するのがやっと、ボールを蹴れれば優秀というレベルでした。それから十数年で大型のロボットが闊歩し、ゴールを決める現在ですから、ヒューマノイドロボット技術は急速に発展しているといえます。

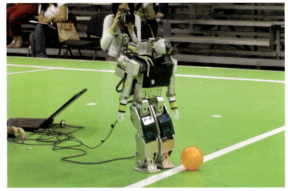

図10. HOAPの動作チェック

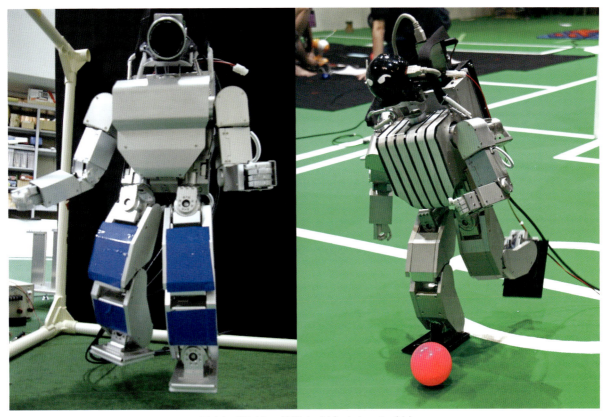

図11. HOAPの待機中（左）とキック（右）

VisiON ― 五連覇を達成したヒューマノイド ―

　2005年からロボットの身長に応じて、ヒューマノイドリーグがキッズサイズ（60センチメートル未満）とティーンサイズ（60センチメートル以上）に分かれました。キッズサイズでは、2on2の試合が成立し始めました。

　VisiONシリーズは大阪大学石黒研究室とヴィストン株式会社、ロボ・ガレージ、国際電気通信基礎技術研究所などの産学連携グループが開発した小型ヒューマノイドロボットです。このロボットを使用したTeam Osakaは2004年からヒューマノイドキッズサイズリーグに参加し、2008年まで同リーグで優勝（五連覇）を達成しました（図12）。さらに、その大会で最も優れたヒューマノイドロボットに贈られるベストヒューマノイド賞を2006年に受賞しており、伝説的なチームとなっています。

　ベストヒューマノイド賞が授与された第三世代VisiON TRYZの身長は49.5センチメートル、体重は2.7キログラム、自由度は25あり、安定した歩行やキック動作が可能です。当時のルールでは360度見えるカメラが許されており、頭部に全方位カメラが搭載されています。

図12. 2005年大阪（左・右上）と2006年ドイツ・ブレーメン（右下）

VisiON 4G ―性能に磨きがかかった(FORGE)第四世代―

1. ヒューマノイドキッズサイズリーグ

　2008年から、キッズサイズリーグの試合形式が2on2から3on3になり、キーパーを配置するチームが増えてきました。ほぼすべてのチームの歩行が安定し、サッカーらしいゲームになってきました。
　VisiON 4 G（ヴィジョン フォージー）はVision TRYZの次の第4世代のVisiONシリーズで、2007年に発表されました。TRYZよりもモーターやセンサー、CPUなどの性能が向上しています。お腹の中にCPUとバッテリーなどが入っています。身長は44センチメートル、体重は3.2キログラムで、自由度は22です（図13～17）。
　阪大チーム名をSenchansからJEAP（JST ERATO Asada Projectの略）に変え、2007年から2012年までこのロボットで出場していました。この頃のルールでは、人以上の視野角を持つカメラが許されず、

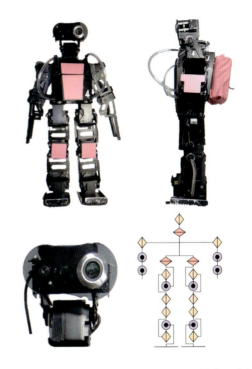

図13. VisiON 4Gの全身と自由度配置（[1]を改変）

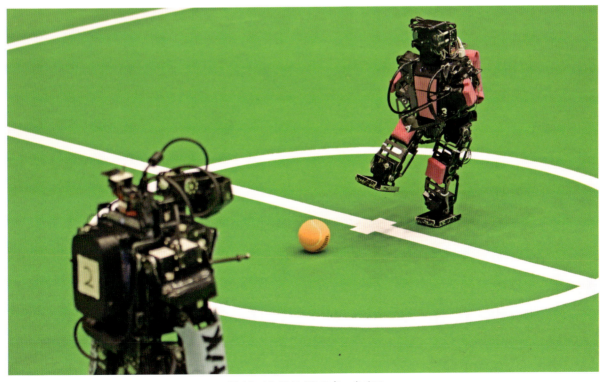

図14. VisiON 4Gのキックオフ

図 15. VisiON 4G 試合中

頭部には前方のみが見えるUSBカメラが搭載されています。また、身長に対する足裏面積の規則が（人に近づくように）年々小さくなったため、自分たちでロボットの頭部や足裏を改造し、最終的にアニメ映画「天空の城ラピュタ」（1986年）に登場するロボット兵風の顔になっています。実は左目は義眼で、実際には右目のカメラのみを使っています。

2. スローイング動作の最適化[2]

ロボカップサッカーにおける重要な作業の一つが動作レパートリー作成です。ロボットの動作は結局、各モーターが作る関節角度の時間的遷移で決めら

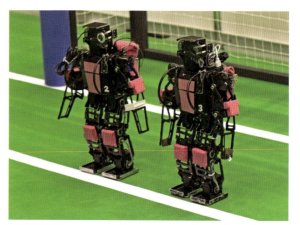

図 16. オカチャン（左）とルーニー（右）

図 17. 2012年世界大会（トルコ・イスタンブール）ヒューマノイドリーグ集合写真

74

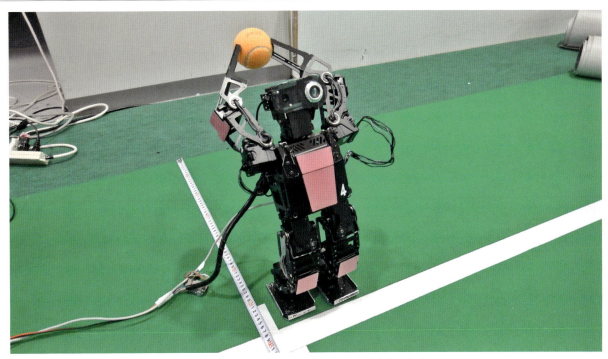

図 18. ロボットの最適なスローイング動作の探索

れます。通常、そのそれぞれの関節角度を手作業で調節しながら指定することで、キックやスローイングなどの動作レパートリーを作成します。動作レパートリーは図1（66ページ）中の右上の青色のブロックで示され、状況に応じて動作レパートリーを再生することでプレーを実現します。

しかし、たくさんのモーター（自由度）を持つヒューマノイドロボットでは、最適な動作レパートリーを作ることが非常に難しくなります。たとえば、ボールを最も遠くに飛ばすスローイング動作を作るために調節すべき関節角度が多すぎて、非常に多くの試行錯誤が必要になります。その試行を繰り返すうちにロボットが故障したり、モーターが劣化したりしてしまうと、またやり直しです。そこで、できるだけ少ない試行で、最適な関節角度遷移を発見する必要があります。

筆者らは、人の運動技能獲得過程に注目しました。Yamamoto and Fujinami[3] は、陶芸の菊練りという粘土を練る周期的な動作における各身体部位の動きをモーションキャプチャーで計測しました。菊練りの初心者、中級者、および、上級者の動作を解析した結果、初心者では各身体部位が非同期的でばらばらに動き、中級者では、それらの動作が同期し、上級者では、ほぼ同期的な軌道の中にわずかなずれがみられることがわかりました。このような現象は他の運動技能獲得でもみられます。ではなぜ、技能の上達過程に、身体部位の動作が完全に同期する段階があるのでしょうか？　ここにロボットの動作作成における大自由度問題を解く鍵があると考えました。

まず、関節角度を同期させることで、見かけの自由度を減らし、その自由度の中で動作を最適化します。そして、自由度を徐々に解放し、より良い動作を探索していきます。そうすることで、最初から大きな自由度の中で最適動作を探索するよりもずっと少ない試行で良い動作にたどり着けます。筆者らはこのアイデアをロボットのスローイングで試験しました。始めは肘・肩・腰・膝を同時に動作させる拘束の中で、ボールを離す最適なタイミングを発見します。その次に、その動作から、わずかに各関節の動作タイミングをずらして調整しました。実際の最適化実験の様子を図18に示します。実験の結果、提案した手法により、性能を落とすことなく試行回数を減らせることができることがわかりました。

この研究は、人をまねることでロボットの性能を向上させた好例といえるでしょう。また、逆に考えると、人も自由度を減らすことで効率的に技能を獲得しているのかもしれません。

Tichno-RN ―チームワークに支えられた大人サイズロボット―

1. アダルトサイズリーグ

　2010年の世界大会から、ヒューマノイドアダルトサイズリーグ（身長130〜180センチメートル）が始まりました。大人のサイズに近く、とても見応えのある動作が可能な一方で、その大きな体を支えるために大出力の大型モーターが必要になります。そのため、メンテナンスに手間がかかり、また、ロボット自体が高価になってしまいます。このサイズのロボットを複数台保有することが難しいため、試合は1on1形式でした。

　当時の試合は少し複雑なPKといったものでした。始めに、オフェンス側ゴール付近に審判が適当にボールを置き、オフェンス側のロボットは、フィールド中央に敵軍ゴール向きに配されます。ロボットはまず振り向いてボールを探し、ボールに近づき、ドリブルしてボールがセンターラインを越えた後に、ディフェンス側ゴールにシュートします。転倒したり、敵ロボットと接触したりして壊れてしまっては大変ですので、付添人がいます。ただし付添人がロボットに触れるとPK失敗になります。

2. メッシの活躍

　大阪大学と大阪工業大学の合同チームJoiTech（JEAP and Osaka Institute of Technologyの略）はヴイストン株式会社製のTichno-RN（愛称はメッシ）を擁し、2011年から2013年の世界大会に参加しています。このロボットの身長は140センチメートル、体重は25キログラムです。頭の中にバッテリー、背中に小型のノートパソコンが収納されており、このコンピューターで画像処理や行動計画を行います。このロボットは当時のアダルトサイズリーグで唯一しゃがんで立つことができ、つまり、スロー

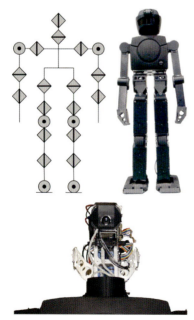

図19. Tichno-RN の正面と自由度配置
　　　　（[4] を改変）

図20. メッシのキック

図21. 2013年ロボカップの世界大会決勝戦 オフェンス [4]

図21. 2013年ロボカップの世界大会決勝戦 ディフェンス [4]

イングをすることができます。

2013年にはアダルトサイズリーグで優勝し、ベストヒューマノイド賞を受賞し、ルイ・ヴィトンカップを獲得しました[5]。その決勝戦の様子を図21と図22に、授賞式の一枚を図23に示します。ルイ・ヴィトンカップは返還までの一年間、大阪大学の総長室に飾られました。

3. ベストチーム・オブ・ザ・イヤー

2013年のリーグ優勝の功績が認められ、JoiTechは、その年で最もチークワークを発揮し、顕著な実績を残した国内のチームを表彰するベストチーム・オブ・ザ・イヤー2013に選出されました（http://team-work.jp/2013/2138.html）。なお、同年に同じく受賞したチームは、2020年東京オリンピック・パラリンピック招致チームや、ガンホー・オンライン・エンターテイメント株式会社「パズル＆ドラゴンズ」プロジェクトチームでした。

JoiTechのチームリーダーの当時大阪大学大学院生だった大嶋悠司君は、その授賞式で、「チームとはRobot」と答えました。本章扉（65ページ）右の写真中のパネルをご覧ください。チームメイトが皆ロボットのように無感情に働いて……、という意味ではなく、ロボットはたくさんの部品やシステムで構成されており、その一つでも欠けてしまうと正しく動かなくなることをチームになぞらえたものです。

2013年はメッシも活躍の年でも、引退の年でもありました。損傷や消耗が激しく、メンテナンスをしたとしてもこれ以上現役を続けられないとのことでした。現在のロボットの問題の一つに、選手生命の短さがあります。時々刻々とモーターが劣化し、その度に調整（キャリブレーション）が必要になります。それを繰り返すうちにフレームの変形も相まって、振動などの動作不良が起こります。このようなハードウェアの壊れやすさがロボットの普及における最大の障害といえます。

図23. 2013年ロボカップ世界大会（オランダ・アイントホーフェン）の授賞式

Nao ―多様な社会で人と共生する仲間―

1. 標準プラットフォームリーグ

　69ページでも述べたように、すべてのチームが同じハードウェアを用い、ソフトウェアの技術を競う標準プラットフォームリーグ（Standard Platform League: SPL）で用いられるロボットは、2008年に四足ロボットAIBOから、二足ロボットNao（ナオ）に代わりました（2008年は四足と二足の両リーグを実施）。

　Naoはフランスのアルデバランロボティクス社（現在はソフトバンクロボティクス社）により、2006年に発表されたロボットです。このロボット会社はPepper（ペッパー）の開発でも有名です。Naoは身長58センチメートル、体重4.3キログラム、自由度は25です。ロボット研究や教育、エンターテイメントの目的で、世界中で使用されています（図24、25）。

2. 2017年世界大会出場

　大阪大学のチームJoiTech-SPLは2014年から現在までSPLリーグに参加しています。NAOを用いたSPLリーグは2008年からですので、私たちはかなりの後発組です。しかしながら、これまでのロボカップ経験を生かし、着実にプログラム開発と改良を進めていきました。世界大会への出場チームは、ロボットの動画とプログラムの仕様書、および、これまでの実績に基づく委員会の審議により決まります。2016年までは世界大会の本戦に出場できませんでしたが、ロボカップジャパンオープン（日本大会）での2015年準優勝と2016年優勝が認められてか2017年の名古屋での世界大会にようやく出場することができました（図26）。

　しかし、世界の壁はやはり高く、Challenge Shield（下位リーグ）で4位、全体で24チーム中16位という結果になりました。ボールや自己位置の認識といった基本的な技術から戦略に至るまで、さまざまな宿題の残る世界大会でした。

図24. Nao

図25. Nao調整中

図 26．2017 年ロボカップ名古屋での SPL リーグ

3．2050年に向けて

　1997年の第一回大会から20年が経ちました。初めはカーペット上での二足歩行もおぼつかず、わかりやすいオレンジ色のボールを見つけることすら困難でしたが、今では大人と同じサイズのヒューマノイドロボットが人工芝の上を歩き、遠くにある白黒のボールを認識できるようになりました。また、サッカーフィールドを超えて、家庭内や災害環境で活躍できるロボットも開発されつつあります。しかし、2050年までにあと30年しかありません。

　「2050年までに人に勝てるロボットチームを本当に作れるのか」と多くの人に尋ねられます。現状の技術レベルに鑑みるに、筆者の答えは「間に合わない」です。世界大会では例年、人とロボットのエキシビジョンマッチが行われますが、毎回ロボットは負けてしまいます。ロボットはヒューマノイドではなく、（中型リーグの）車輪型ロボットです。もちろん、人はサッカー選手ではなく、その辺にいた関係者です。コンピューター上でサッカーをするシミュレーションリーグでは、目でボールを追うのも大変なゲームがなされていますが、実環境で身体を持った途端に人に敵わなくなります。ハードウェア面での技術革新が必要になるでしょう。最近では、深層学習技術を用いることで、人を超える画像認識能力を有する人工知能が開発されています。実世界ではたらくロボットを作るためには、そのようなブレークスルーをロボットの身体にも起こさなければなりません。

　ロボカップの目的は人に勝つことだけではなく、競技会を通した技術の発展にあることを先に述べました。ロボカップジュニアでは19歳以下の子どもがロボット開発をしています。ロボカップに携わった子どもたちや学生たちが将来、ロボット工学者や科学者、経営者、あるいは、政治家になって、人とロボットとの共生社会を実現してくれるかもしれません。ロボカップの世界的な取り組みによって、未来の人とロボットの社会がより豊かになることを願います。

第6章
イタリアからのコメント

Science and technology as elements of a sustainable paradigm
持続可能なパラダイムの要素としての科学と技術

Fiorenzo Galli
フィオレンツォ・ガリ

General Director, National Museum of Science and Technology Leonardo da Vinci, Milan, Italy
レオナルド・ダ・ヴィンチ記念国立科学技術博物館(イタリア、ミラノ)館長

We live in a revolutionary era and we must make great efforts to adapt to it. The explosive progress of science and technology in the twentieth century has improved the quality of life of a large portion of the human race while posing new ethical, safety and environmental issues.

The problems we face are becoming increasingly complex in the context of globalization and challenges cannot be resolved by the scientific community alone. Many of these issues can only find a solution through changes in the social system and international collaboration.

"We live in an interconnected world that is increasingly dependent on elaborate networks" says Lord Rees, former president of the Royal Society and one of the promoters of the Cambridge Centre for the Study of Existential Risk. The time has come, not only for students and researchers but also for policy makers, business managers, and media professionals, to meet and discuss the problems of twenty-first century science and technology.

What role do ICT and related technologies play in this scenario?

By 2025, the world population will have reached about 8 billion people and there will be about 50 billion devices connected to the web (computers, cameras, health and safety monitoring devices, equipment for energy control of domestic appliances, but also sensors to monitor and control the diet of cows and sophisticated webcam-labs for monitoring traffic

私たちは革命的な時代を生きており、それに適応するために多くの労力を払わなければなりません。二十世紀における科学と技術の爆発的な進歩は、大多数の人類の生活の質を高めた一方で、倫理や安全、環境に関する新たな課題をもたらしました。

私たちが直面しているこれらの課題は、国際化という面においてますます複雑化しており、科学分野のみでは解決できなくなってきています。

「私たちは精巧なネットワークにますます依存した相互結合の世界に生きている」と、王立協会元会長及びケンブリッジ絶滅リスク研究センターの創設者の一人であるリース卿は述べています。学生や研究者だけでなく、為政者や経営者、報道者が、二十一世紀の科学技術の課題を議論するときが来ているのです。

このシナリオにおいて、ICT(情報通信技術)やそれに関連する技術が果たす役割とは何でしょうか。

2025年までに、世界の人口はおよそ80億人に達し、また、ウェブとつながったデバイス(コンピューター、カメラ、健康や安全をモニターするデバイス、家電用品のエネルギー制御装置、また、牛の飼料を監視・制御するセンサーや交通や環境をモニターする高機能ウェブカメラなど)は500億個になるともいわれています。このデバイス数は、この星の住人一人あたりにすると平均6.25個になります。

エネルギー生産と消費を制御したり、管理したりできる可能性を持つシステムへの第一歩を私たちは目の当たりにしています。その一つは、アメリカの

博物館の回廊

and the environment): an average of 6.25 devices per inhabitant of the planet.

We are witnessing the first steps towards systems that have the potential to control and manage energy production and consumption. This is an aspect of those energy harvesting technologies (part of the so-called Third Industrial Revolution [1]) advocated by Jeremy Rifkin.

The global population aged 65 and over will triple from 516 million in 2009 to 1.53 billion in 2050. There will be plenty of space for artificial entities with gestures, emotions and automatic responses like IBM Watson. In the future, speech recognition systems (which transform spoken words into written texts), memory aids, etc. might be commonly integrated into our lives.

It is obvious that technology and the web are becoming more important than ever, shaping the becoming more important than ever, shaping the way we work, live, play, and learn.

The journey has just begun and it is now up to us to study the connections between the

博物館展示物

経済・科学技術評論家ジェレミー・リフキンが提唱したエネルギーハーベスト技術（いわゆる第三次産業革命[1]の一部）です。

　65歳以上の世界人口は、2009年の5億1千6百万人から、2050年の15億3千万人へと三倍になることが予想されています。今後、身振りを行い、感情を持ち、IBM Watsonのような自動応答が可能な人工物が受け入れられてくるでしょう。また、将来、（音声を文章に変換する）音声認識システムや記憶補

changes in science and technology, and those in the economic, environmental, and cultural sectors, finding ways to balance the shifts created by evolving research with new policies and shared ethical values.

[1] J. Rifkin. *The Third Industrial Revolution: How Lateral Power Is Transforming Energy, the Economy, and the World*. Palgrave Macmillan, New York 2011.

助装置が私たちの生活に浸透することでしょう。

技術やウェブが今までよりも重要になり、私たちの労働や生活、遊びや学びを形作るようになることは明らかです。

この旅は始まったばかりです。今、科学技術や経済、環境、文化における変化の間のつながりを学ぶことで、新たな政策と共有された倫理的価値による研究の発展によって生じた変化間のバランスをとれる道を見つけられるかどうかは私たち次第です。

博物館での講師によるプログラミング実験

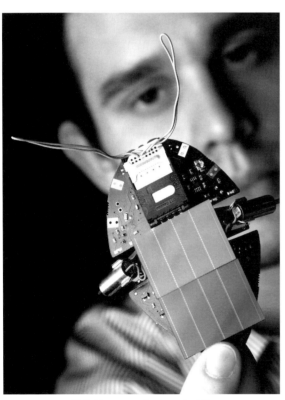

博物館でのロボット関連活動

The android of Leonardo da Vinci presented at "Museo Nazionale della Scienza e della Tecnologia" Leonardo da Vinci in Milano, September 2015

2015年9月にミラノのレオナルド・ダ・ヴィンチ記念国立科学技術博物館でお披露目されたレオナルド・ダ・ヴィンチのアンドロイド

Giulio Sandini
ジュリオ・サンディニ

Director of Research at the Italian Institute of Technology
イタリア技術研究所(イタリア、ジェノバ)所長

On Thursday 3rd of September, 2015 the visitors of the Museum of Science and Technology in Milan were lining out of the entrance doors to be among the first to witness a unique event: the re-birth of Leonardo da Vinci. To understand the uniqueness of the event and the excitement flowing through the stream of people patiently waiting in line, one has to consider that Milan had a very important role in the life of Leonardo da Vinci who, during a period of 18 years in the city, expressed his multifaceted personality as engineer, sculptor and painter by creating some of the most important masterpieces of his unique life. Among them the fresco "Ultima Cena" visited by half a million tourists every year in the Santa Maria delle Grazie church not far from the entrance of the museum. Young children and adults were lining up attracted mainly by two reasons: the first is the fame of Leonardo da Vinci whose geniality never fails to lure persons interested in the unique blend of art and engineering associated with his operas. The second is the curiosity to see how well state of the art robot technology has been used to perform the miracle of rewinding time and to create the illusion of talking to one of the most creative person in human history. How well can we be tricked to believe it is a living human being? How far is the technology from the science fiction robots of Asimov or the

2015年9月3日、木曜日。ミラノにあるレオナルド・ダ・ヴィンチ記念国立科学技術博物館を訪れた人々は、入り口のドアに並んでいました。「レオナルド・ダ・ヴィンチの再誕」というユニークな企画展をいち早く観覧するためです。この企画のユニークさと列に辛抱強く並んでいる人々に流れる興奮を理解するためには、ここミラノがレオナルド・ダ・ヴィンチの人生において非常に重要な役割を果たしていたことを考慮する必要があるでしょう。彼は18年間この都市に住まい、彼のユニークな人生における最重要な傑作をいくつも創作し、技術者や彫刻家、画家として多才な個性を発揮しました。その中でも、フレスコ壁画である「最後の晩餐」は、この博物館からほど近いサンタ・マリア・デッレ・グラツィエ教会にあり、毎年およそ50万人が訪れます。幼い子どもから大人までが、本企画に惹き付けられた理由は主に二つあるでしょう。一つは、レオナルド・ダ・ヴィンチの評判のよさです。彼のオペラに関する芸術と技術のユニークな融合に興味を持つ人は、必ず彼に惹きつけられるでしょう。二つ目は、時間を巻き戻すという奇跡と人類史上最大の創造性をもつ人物と会話をするという魔法に使われている最先端のロボット技術が、どれほどのものなのかを見たいという好奇心です。

それを生きている人間と信じ込ませるために、どれほどのトリックを仕掛けられるでしょうか？ アメリカの作家、アシモフの空想科学のロボットや映

レナルド・ダ・ヴィンチアンドロイド展示の様子

replicants of Blade Runner? Is the robot moving like a human? Can he talk? When referring to the robot should I use "him" or "it" or "her"? Does the robot feels emotions? The curiosity is palpable and everybody feels the excitement of the event.

The master of ceremony is Professor Minoru Asada a worldwide famous Japanese scientist from the University of Osaka whose scientific goal is to investigate aspects of human intelligence by building anthropomorphic robots: an approach based on how to transform knowledge of biological systems into engineering solutions. The hallmark of the "leonardian" approach whose design of flying machines encapsulates his artistic soul and his desire to describe and understand nature.

The result was astonishing and the crowd gathered around the robot was fascinated by the similarity of the physical "Leonardo" with the mental image we all have created in our mind by looking at the famous Leonardo's self-portrait. The body seems real. The skin, hairs, beard, eyes are realized with such an accuracy that it is hard to believe we are not looking at a "real human". The temptation to reach for the face to touch the skin to see how it feels is strong but it is a "don't touch" exhibition and visitors have to restrain themselves.

The movements and the voice synthetized are also realistic and a certain rigidity of body motion can be easily attributed to the age taken as a

画「ブレードランナー」(1982) のレプリカントへ、現在の技術はどれくらい近づいているのでしょうか？ そのロボットは人間のように動くのでしょうか？ 彼は喋るのでしょうか？ そのロボットに対して、私は「彼」や「彼女」あるいは、「それ」と呼ぶべきなのでしょうか？ ロボットは感情を感じるのでしょうか？ 誰しもがこのような好奇心を持ち、この企画に興奮していることは明らかでした。

イベントの司会者は浅田稔教授でした。彼は大阪大学の世界的に有名な日本の科学者です。彼の科学的目標は、擬人的なロボットを構成することで、人のさまざまな知性を研究することです。すなわち、生物学的システムの知識を工学的ソリューションへ変換することに基づいた手法です。そのような「レオナルド的な」手法はレオナルドの飛行機の設計にもみられ、自然を描き、理解したいというレオナルドの芸術魂と欲求に表れています。

企画の開幕は驚くべきものとなりました。ロボットの周りに集まった人々は、この物質的な「レオナルド」が、有名なレオナルドの自画像を見ることで心に描いた心的なイメージと似ていることに魅了されていました。その身体は実物のようです。その肌、髪、ひげ、目は、「実際の人間」を見ていないとは信じられないほど精巧に作られています。ロボットがどのように感じるのかを確かめるために、顔へ手を伸ばし、肌を触ってみたいという思いに駆られますが、これは「お触り禁止」の展示物であり、我慢するしかありませんでした。

その動きと声もリアルに作られており、体の動きにある、ある程度の堅さはレオナルドのコピーを作るためのモデルとなった年齢にぴったりと思われます。訪問者らは、最新のロボット技術と熟練した職人技を用いて作成されたロボットに感心しきりでし

レオナルド・ダ・ヴィンチアンドロイドと子どもたち

reference to build Leonardo's copy. Visitors are impressed by the result achieved by using state-of-the-art robot technology and skilled human craftsmanship.

Leonardo's robotic reproduction, in spite of its resemblance to a real human, is bounded by today's technology and, as such, lacks autonomy. The interaction with the visitors is controlled by two operators who select and activate the execution of pre-recorded movements and chose the sentences to be transformed into Leonardo's voice. The result is a great success as visitors can appreciate how close robot technology is to building sophisticate robot's bodies and how far we still are from reproducing the sophisticated mechanisms that transform a physical body into an autonomous, understanding agent. A robot able not only to move like a modern puppet but also to have goals and intentions, to express opinions and anticipate the effects of its own and other's actions. This is what the exhibition shows in a very intuitive, technological and artistic way: that, in spite of some recent claims, we are still far from robot interacting with us in a humane way but we are getting there and path followed by Prof. Asada is taking there by following the "leonardian" approach of understanding nature by studying biological solutions and developing new technology by building artefacts.

た。

　ロボットとしてのレオナルドの再生は、それが実際の人と似ているにもかかわらず、自律性に欠けるといったように、現時点での技術に縛られています。訪問者とのインタラクションは、あらかじめ定めた運動を選択・実行する人と、レオナルドの声に変換されている文章を選択する人の二名で制御されています。その結果、ロボット技術がどれほど精巧なロボットの身体を作れるのか、また、物理的な身体を自律的な存在（エージェント）に変化させる洗練されたメカニズムを再現することがどれだけ難しいかを、訪問者が評価できるという意味で成功を収めました。ロボットは、現代の操り人形のように動くことができるだけでなく、意見を表明したり、自己や他者の行為の効果を予測したりするような、目的や意図を持てます。すなわち、非常に直感的で技術的、芸術的に、このロボットは展示されたといえるでしょう。最近、いくつか議論はあるものの、私たちは未だに、私たちと人間のようにインタラクションできるロボットを作れるに至っていません。しかし、私たちは、そのようなロボットを作りつつあります。また、生物学的なソリューションを研究することで自然を理解し、人工物を作ることで新しい技術を開発する「レオナルド的」な方法、つまり、浅田教授の示した道によってそのようなロボット開発に近づいています。

おわりに

河合 祐司・浅田 稔

　大阪大学総合学術博物館の企画展示「HANDAIロボットの世界―形・動きからコミュニケーションそしてココロの創成へ―」ならびに本書を通じて、大阪大学のロボット研究の歴史を紹介してきました。本書では、展示されたロボット達の背後にある研究の意図や製作過程における工夫などが随所に盛り込まれています。それは、いかにして人間を識るか、また、いかにしてロボットと人間の共生を可能にするかの挑戦でもありました。当然のことながら、この挑戦はまだまだ続きます。本書で紹介してきた研究プロジェクトはすでに終わっていますが、最後に、現在進行中のプロジェクトを紹介します。分野を超えて果てしなく挑戦し続ける研究者の姿を想像していただき、皆さんと一緒にチャレンジし続ける意思表明をして「おわりに」したいと思います。

　大阪大学大学院基礎工学研究科システム創成専攻の石黒浩教授は、JST ERATO石黒共生ヒューマンロボットインタラクションプロジェクト（2014年7月～2020年3月）の研究総括として大活躍中であり、こう述べています。

　「ロボットの研究分野の広がりとともに、ロボト研究は、日常的な場面で働くロボットに焦点を移しつつあります。日常的な場面において、人間が最も容易にコミュニケーションを取ることができるのは人間そのものです。そのため、多様な感覚や言語、身体動作を用いて、複数の人間と関わることができるロボットの研究開発が重要になります。」*6

図1. JST ERATO 石黒プロジェクトの概要

＊6　https://www.jst.go.jp/erato/research_are a/ongoing/ikh_PJ.html

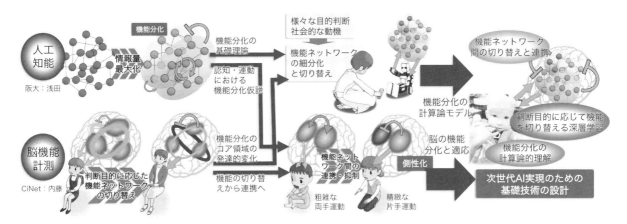

図2. 次世代人工知能研究プロジェクト浅田グループの概要

　そして、人間のように多様な情報伝達手段を用いたインタラクション（相互作用的・対話的・やりとりに関する）技術を開発し高齢者から子どもまでが社会的状況で自然に関われる自律型ロボットの実現を目指しています（図1）。

　現在の人工知能研究開発の興隆はめざましく、日本でも、文科省・経産省・総務省の三省連携による研究活動が急務です。浅田は経産省のNEDO（国立研究開発法人新エネルギー・産業技術総合開発機構）の「次世代人工知能・ロボット中核技術開発（AI分野）」採択審査委員長・技術推進委員長を務めています。また、大阪大学が総務省の次世代AI研究の委託を受け、独立行政法人情報通信研究機構の脳情報通信融合研究センター（CiNET）と連携して「人間の脳の認知メカニズムに倣った脳型認知分類技術の研究開発」（代表：大阪大学村田正幸教授）を行っています。

　この大型プロジェクトにおいて、浅田と河合は神経科学者らとともに子どもの脳の発達過程に基づいた人工知能の開発を目指しています（図2）。人間の脳は自分の身体や環境に応じた表現を獲得し、脳領域やそれらが作る脳ネットワークごとに異なる機能を発揮します。この脳ネットワークを切り替えることで、人間は環境に適したさまざまな機能を有するようになります。これは究極の適応能力といえるでしょう。このような機能分化がどのように起こるのかを観測し、同時に、それを計算論モデル化しながら、環境に即時適応する人工知能を開発します。これは第1章で述べた構成的発達科学の人工知能応用に相当します。

　河合は、JST戦略的創造研究推進事業（CREST）研究課題「脳領域／個体／集団間のインタラクション創発原理の解明と適用」（代表：中部大学津田一郎教授）プロジェクト[*7]において、脳領域間・ロボットグループのリーダーを務めています。プロジェクト全体は、インタラクション（相互作用）創発の数学的原理を構成し、それをさまざまなインタラクションに適用・検証することで、より良いインタラクションシステムを開発することを目的としています（図3）。たとえば、脳は無数の神経細胞（ニューロン）の電気的・化学的な相互作用の結果、人間の知性を創発させます。また、人間も他者とのやりとりの結果、さまざまな集団を形成します。インタラクションにより個では持ち得なかった集団的な機能がどのように現れるのか、あるいは逆に、ある集団的機能を達成したいときに個やインタラクションはどのようにあるべきか。そこに数学的原理が潜在していると考えています。河合グループは脳内のインタラクションを担当し、それをロボット・人工知能に応用することを目指します。その他、さまざまな分野の共同研究者が親子やヒト集団、サルの集団などを対象にインタラクションを研究し、分野を超えた新しい研究領域を切り開いていきます。

　前述のように、人工知能やロボットなどの人工システムの発展はめざましく、すでにわれわれの

[*7] http://www.ams.eng.osaka-u.ac.jp/kawai/crest/

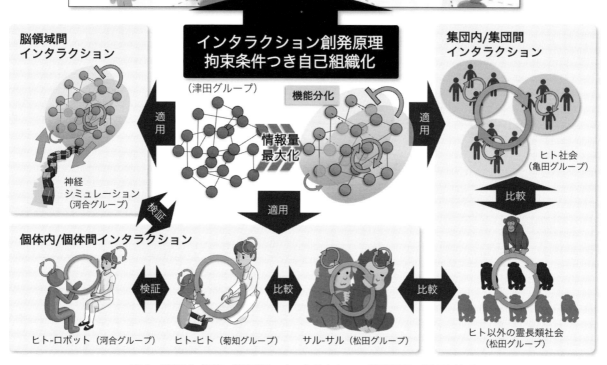

図3. 脳領域／個体／集団間のインタラクション創発原理の解明と適用

生活のなかに入り込んできています。近い将来、その共生の姿はより明確になると予想されます。そうした近未来社会では、自律的な人工システムが高度な判断を下す可能性があり、その際に法的責任問題や倫理問題が生じます。たとえば、最近の機械学習に基づく人工知能は、設計者の意図しない行動をすることが考えられます。そうした行動による損害は誰の責任なのでしょうか。設計者があらゆる危険を想定することは難しいため、結局、高度に自律的な人工知能は開発できなくなってしまいます。健全な人工知能研究のためにも、そのような問題をあらかじめ検討する必要があります。そこで、浅田と河合は、法学者らとともに、科学技術振興機構の戦略的創造研究推進事業、社会技術研究開発センター（RISTEX）研究開発プロジェクト「自律性の検討に基づくなじみ社会における人工知能の法的電子人格」を提案し、2017年10月から活動を開始しています[*8]。自律的なロボットに法人格を認め、ロボットが法的主体になれるかという非常に挑戦的、かつ、重要な課題を扱っています。われわれはロボットの自律性をどのように定義し、自律的なロボットに対し人間はどのように反応し、何を感じるのか、を第2章でお見せしたようなアンドロイドを用いて実験的に明らかにすることを目指します。そして、法学者らと協働して、将来の人とロボットの共生社会のための新しい法制度を提案したいと考えています。

これら以外にも多くのプロジェクトが走っています。大阪大学が地域に生き、世界に伸びるシンボルとして阪大ロボットが世界中で活躍することを願い、筆をおきます。

---

*8 http://www.ams.eng.osaka-u.ac.jp/ristex/

参考文献

第1章

[1] 浅田稔, 野田彰一, 俵積田健, 細田耕「視覚に基づく強化学習によるロボットの行動獲得」日本ロボット学会誌, Vol. 13:1, pp. 68-74, 1995.

[2] 浅田稔 (著), NPOロボカップ日本委員会 (監修).『ロボットの行動学習・発達・進化—RoboCupSoccer』共立出版, 2002.

[3] M. Asada, K. Hosoda, Y. Kuniyoshi, H. Ishiguro, T. Inui, Y. Yoshikawa, M. Ogino, and C. Yoshida. Cognitive developmental robotics: a survey. *IEEE Transactions on Autonomous Mental Development*, Vol. 1, No. 1, pp. 12-34, 2009.

[4] 浅田稔「認知発達ロボティクスによるパラダイムシフトは可能か？」日本ロボット学会誌, Vol. 28, No. 4, pp. 7-11, 2010.

[5] Y. Kuniyoshi and S. Sangawa. Early motor development from partially ordered neural-bodydynamics: experiments with a cortico-spinal-musculo-sleletal model. *Biological Cybernetics*, Vol.95, pp. 589-605, 2006.

[6] Y. Yamada, H. Kanazawa, S. Iwasaki, Y. Tsukahara, O. Iwata, S. Yamada, and Y. Kuniyoshi. An embodied brain model of the human foetus. *Scientific Reports*, Vol. 6, No. 27893, pp. 1-10, 2016.

[7] K. Narioka, R. Niiyama, Y. Ishii, and K. Hosoda. "Pneumatic musculoskeletal infant robots." In *Proc. of IEEE/RSJ International Conference on Intelligent Robots and Systems*, 2009.

[8] H. Ishiguro, T. Minato, Y. Yoshikawa, and M. Asada. Humanoid platforms for cognitive developmental robotics. *International Journal of Humanoid Robotics*, Vol. 8, No. 3, pp. 391-418, 2011.

[9] デイヴィッド・プレマック, アン・プレマック (著) 長谷川寿一 (監修), 鈴木光太郎 (訳)『心の発生と進化—チンパンジー、赤ちゃん、ヒト』新曜社, 2005.

[10] 浅田稔『ロボットという思想—脳と知能の謎に挑む』NHKブックス (1158), 2010.

[11] D. Purves, G. A. Augustine, D. Fitzpatrick, W. C. Hall, A.-S. LaMantia, J. O. McNamara, and L. E. White, editors. *Neuroscience, Fifth edition*. Sinauer Associates, Inc., 2012.

[12] J. I. P. de Vries, G. H. A. Visser, and H. F. R. Prechtl. Fetal motility in the First half of pregnancy. *Clinics in developmental medicine*, Vol. 94, pp. 46-64, 1984.

[13] マット・リドレー (著), 中村桂子, 斉藤隆央 (訳)『やわらかな遺伝子』紀伊国屋書店, 2004.

[14] M. Asada, K. F. MacDorman, H. Ishiguro, and Y. Kuniyoshi. Cognitive developmental robotics as a new paradigm for the design of humanoid robots. *Robotics and Autonomous System*, Vol. 37, pp. 185-193, 2001.

[15] F. B. M. de Waal. Putting the altruism back into altruism: The evolution of empathy. *Annual Review of Psychology*, Vol. 59, pp. 279-300, 2008.

[16] M. Asada. Towards artificial empathy. *International Journal of Social Robotics*, Vol. 7, pp. 19-33, 2015.

[17] J. Park, H. Mori, Y. Okuyama, and M. Asada. Chaotic itinerancy within the coupled dynamics between a physical body and neural oscillator networks. *PLoS ONE*, Vol. 12(8), pp. 618-628, 2017.

[18] G. Tononi and C. Koch. Consciousness: here, there and everywhere? *Philosophical Transactions of the Royal Society B*, 2015.

[19] 長井志江「認知発達の原理を探る：感覚・運動情報の予測学習に基づく計算論的モデル」ベビーサイエンス, Vol. 15, pp. 22-32, 2016.

[20] M. Ogino, A, Nishikawa, and M. Asada. A motivation model for interaction between parent and child based on the need for relatedness. *Frontiers in Psychology*, Vol. 4, No. 618, pp. 324-334, 2013.

[21] J. Holt-Lunstad, T. B. Smith, and J. B. Layton Social relationships and mortality risk: A meta-analytic review. *PLoS Medicine*, Vol. 7, No. 7, p. e1000316, 2010.

[22] E. Tronick, H. Als, L. Adamson, S. Wise, and T. B. Brazelton. The infant's response to entrapment between contradictory messages in face-to-face interaction. *Journal of the American Academy of Child & Adolescent Psychiatry*, Vol. 17, No. 1, pp. 1-13, 1978.

第2章

[1] H. Ishiguro. Android science: conscious and subconscious recognition. *Connection Science*, Vol. 18, No. 4, 2006.

[2] M. Watanabe, K. Ogawa and H. Ishiguro. Can Androids Be Salespeople in the Real World? In *Proc. of the 33rd Annual ACM Conference on Human Factors in Computing Systems*, pp. 781-788, 2015.

[3] 渡辺美紀, 小川浩平, 石黒浩「ミナミちゃん：販売を通じたアンドロイドの実社会への応用と検証」情報処理学会論文誌, Vol. 57, No. 4, pp. 1251-1261, 2016.

[4] 坂本大介, 神田崇行, 小野哲雄, 石黒浩, 萩田紀博「遠隔存在感メディアとしてのアンドロイド・ロボットの可能性」情報処理学会論文誌, Vol. 48, No. 12, pp. 3729-3738, 2007.

[5] T. Minato, M. Shimada, H. Ishiguro, S. Itakura. Development of an Android Robot for Studying Human-Robot Interaction. In: Orchard B. Yang C. Ali M. (eds) *Innovations in Applied Artificial Intelligence*, pp. 424-434, Springer, Berlin, 2004.

[6] T. Minato, Y. Yoshikawa, T. Noda, S. Ikemoto, H. Ishiguro, and M. Asada. CB2: A child robot with biomimetic body for cognitive developmental robotics. In *Proc. of the 7th IEEE-RAS International Conference on Humanoid Robots*, pp. 557-562, 2007.

[7] S. Ikemoto, T. Minato, and H. Ishiguro, Analysis of Physical Human-Robot Interaction for Motor Learning with Physical Help. *Applied Bionics and Biomechanics*, Vol. 5, No. 4, pp. 213-223, 2008.

[8] S. Ikemoto, H. B. Amor, T. Minato, and H. Ishiguro. Mutual Learning and Adaptation in Physical Human-Robot Interaction. *IEEE Robotics & Automation Magazine*, Vol. 19, No. 4, pp. 24-35, 2012.

[9] T. Uchida, T. Minato, H. Ishiguro. Does a Conversational Robot Need to Have its own Values? A Study of Dialogue Strategy to Enhance People's Motivation to Use Autonomous Conversational Robots. In *Proc. of the 4th Annual International Conference on Human-Agent Interaction*, pp. 187-192, 2016.

[10] D. Lala, K. Inoue, P. Milhorat, and T. Kawahara, Detection of social signals for recognizing engagement in human-robot interaction. In *Proc. of the AAAI Fall Symposium on Natural Communication for Human-Robot Collaboration*, 2017.

第3章

[1] 細田耕『柔らかヒューマノイド：ロボットが知能の謎を解き明かす』化学同人，2016.

[2] S. Shirafuji and K. Hosoda. Detection and Prevention of Slip Using Sensors with Different Properties Embedded in Elastic Artificial Skin on the Basis of Previous Experience. *Robotics and Autonomous Systems*, Vol. 62, No. 1, pp. 46-52, 2014.

[3] K. Hosoda, S. Sekimoto, Y. Nishigori, S. Takamuku, and S. Ikemoto. Anthropomorphic Muscular-Skeletal Robotic Upper Limb For Understanding Embodied Intelligence. *Advanced Robotics*, Vol. 26, No. 7, pp. 729-744.

[4] S. Ikemoto, Y. Nishigori, and K. Hosoda. Direct Teaching Method for Musculoskeletal Robots driven by Pneumatic Artificial Muscles. In *Proc. of IEEE International Conference on Robotics and Automation*, pp. 3185-3191, 2012.

[5] K.Hosoda, Y. Sakaguchi, H. Takayama, and T. Takuma. Pneumatic-driven jumping robot with anthropomorphic muscular skeleton structure. *Autonomous Robots*, Vol. 28, No. 3, pp.307-316, 2010.

[6] K. Narioka and K. Hosoda. Designing Synergistic Walking of a Whole-Body Humanoid Driven by Pneumatic Artificial Muscles: An Empirical Study. *Advanced Robotics*, Vol. 22, No. 10, pp. 1107-1123, 2008.

[7] K. Ogawa, K. Narioka, and K. Hosoda. Development of Whole-Body Humanoid "Pneumat-

BS" with Pneumatic Musculoskeletal System. In *Proc of IEEE/RSJ International Conference on Intelligent Robots and Systems*, 2011.

[8] A. Rosendo, S. Nakatsu, K. Narioka, and K. Hosoda. Toward a stable biomimetic walking: Exploring muscle roles on a feline robot. In *Proc. of International Symposium on Adaptive Motion of Animals and Machines*, 2013.

第4章

[1] 石黒浩，神田崇行，宮下敬宏『コミュニケーションロボット—人と関わるロボットを開発するための技術（知の技術）』オーム社，2005.

[2] J. J. Diehl, L. M. Schmitt, M. Villano, and C. R. Crowell. The clinical use of robots for individuals with Autism Spectrum Disorders: A critical review, *Research in Autism Spectrum Disorders*. Vol. 6, No. 1, pp. 249-262, 2012.

[3] H. Ishiguro, T. Minato, Y. Yoshikawa, and M. Asada. Humanoid platforms for cognitive developmental robotics. *International Journal of Humanoid Robotics*, Vol. 8, No. 3, pp. 391-418, 2011.

[4] 有本庸浩，飯尾尊優，吉川雄一郎，石黒浩「実環境で人に高度な対話感を与える複数体型対話ロボットシステムの開発」電子情報通信学会論文誌，Vol. J101-D, No. 1, 2018.

第5章

[1] Y. Kawai, T. Horii, R. Ninomiya, J. Park, Y. Fukushima, D. Hirose, R. Sumita, Y. Okuyama, T. Kashima, H. Mori, and M. Asada. JEAP Team Description. *RoboCup 2012 Humanoid League Team Description Paper*, 2012.

[2] Y. Kawai, J. Park, T. Horii, Y. Oshima, K. Tanaka, H. Mori, Y. Nagai, T. Takuma, and M. Asada. Throwing Skill Optimization through Synchronization and Desynchronization of Degree of Freedom. *RoboCup 2012: Robot Soccer World Cup XVI*, Vol. 7500, pp. 178-189, Springer, 2013.

[3] T. Yamamoto and T. Fujinami. Hierarchical organization of the coordinative structure of the skill of clay kneading. *Human Movement Science*, Vol. 27, No. 5, pp. 812-822, 2008.

[4] Robocup 2013 on Flicker "https://www.flicker.com/photos/robocup2013/"

[5] Y. Oshima, D. Hirose, S. Toyoyama, K. Kawano, S. Qin, T. Suzuki, K. Shibata, T. Takuma, M. Asada. RoboCup 2013: Best Humanoid Award Winner JoiTech. *RoboCup 2013: Robot Soccer World Cup XVII*, Vol. 8371, pp. 68-79, Springer, 2014.

謝辞

本書で紹介した多くのロボットの研究開発は、JST 戦略的創造研究推進事業 ERATO「浅田共創知能システムプロジェクト」（2005年9月〜2011年3月）、ならびに、科学研究費補助金 特別推進研究「神経ダイナミクスから社会的相互作用に至る過程の理解と構築による構成的発達科学」（2012年5月〜2017年3月）の支援を受けたものです。また、第2章のアンドロイドや第4章のCommUなどは、JST 戦略的創造研究推進事業 ERATO「石黒共生ヒューマンロボットインタラクションプロジェクト」（2014年5月〜2020年3月）において開発されました。このほか、たくさんの競争的研究資金によって支えられましたことに感謝します。

本書は、多くの研究者や大阪大学の学生との共同研究の成果です。特に、石黒浩教授（大阪大学）の研究により、大阪大学におけるアンドロイド研究開発は、世界的に名を馳せることになりました。また、胎児シミュレータを開発した國吉康夫教授（東京大学）の構成論的発達科学に関する活動には、今後の発達科学のパラダイムを革新する大きな可能性を感じます。ロボットの開発においては、港隆史氏（国際電気通信基礎技術研究所）の貢献によるところが大きいです。ヴィストン株式会社と株式会社エーラボには、ロボットの制作でいつもお世話になっています。レオナルド・ダ・ヴィンチアンドロイドの開発は、NPOダ・ヴィンチミュージアムネットワークによるものです。ここには書ききれないほどの多くの人や組織に支援されました。ここに改めて謝意を表します。

第6章では、イタリアのフィオレンツォ・ガリ氏（レオナルド・ダ・ヴィンチ記念国立科学技術博物館）とジュリオ・サンディニ教授（イタリア技術研究所）から、示唆に富むコメントをいただきました。両氏とも多忙であるにもかかわらず、寄稿してくださったことに感謝します。Grazie!

本書出版の契機となりました大阪大学総合学術博物館第21回企画展「HANDAI ロボットの世界」の機会をくださった永田靖館長に感謝します。本企画展に関しまして、同館の橋爪節也教授、および、横田洋助教にご尽力いただきました。本企画展は、同館の多くの教職員のご協力で実現しました。心からの謝意を表します。また、本書の執筆におきまして、大阪大学出版会の栗原佐智子氏にご協力いただきました。本書に関わる全ての方々に深甚なる感謝の念を捧げます。

（河合祐司・浅田 稔）

執筆者 （50音順）

浅田 稔（あさだ　みのる）————————はじめに、第1章、第2章、おわりに
1982年大阪大学大学院基礎工学研究科後期課程修了。1997年から大阪大学大学院工学研究科知能・機能創成工学専攻教授。2017年からロボット学会代表理事（副会長）。専門分野は認知発達ロボティクス。著書は『ロボットインテリジェンス』（共著、岩波書店）や『ロボットという思想』（NHKブックス）など多数。

池本 周平（いけもと　しゅうへい）————————第2章、第3章
2010年大阪大学大学院工学研究科知能・機能創成工学専攻博士号（工学）取得。現在、大阪大学大学院基礎工学研究科システム創成専攻助教。専門分野は生物規範型ロボティクス・アルゴリズムおよび物理的な人間－ロボット間インタラクション。

小川 浩平（おがわ　こうへい）————————第2章
2010年公立はこだて未来大学システム情報科学研究科博士号（システム情報科学）取得。2012年から大阪大学大学院基礎工学研究科特任助教。2017年から同講師。専門分野は知能ロボット学およびヒューマンロボットインタラクション。

河合 祐司（かわい　ゆうじ）————————第5章、おわりに
2017年大阪大学大学院工学研究科知能・機能創成工学専攻博士号（工学）取得。同年4月から同大学大学院同研究科助教。専門分野は計算論的神経科学および認知発達ロボティクス。

細田 耕（ほそだ　こう）————————第3章
1993年京都大学大学院工学研究科博士後期課程修了、博士（工学）。2010年情報科学研究科教授、2014年基礎工学研究科教授となり現在に至る。2005年～2011年科学技術振興機構ERATO浅田共創知能プロジェクトグループリーダー。専門分野はロボット制御、ソフトロボティクス。著書に『柔らかヒューマノイド　ロボットが知能の謎を解き明かす』（化学同人）がある。

吉川 雄一郎（よしかわ　ゆういちろう）————————第4章
2005年大阪大学大学院工学研究科知能・機能創成工学専攻博士号（工学）取得。2010年8月から同大学大学院基礎工学研究科・システム創成専攻講師。2013年4月から同准教授。専門分野は人と関わるロボットおよび認知発達ロボティクス。

大阪大学総合学術博物館叢書　14

ロボットからヒトを識^しる

2018年3月30日　初版第1刷発行　［検印廃止］

編　　　者　河合祐司・浅田　稔
発 行 所　大阪大学出版会
　　　　　　代表　三成賢次

　　　　　〒565-0871　大阪府吹田市山田丘2-7
　　　　　　　　　　　大阪大学ウエストフロント
　　　　　TEL　06-6877-1614
　　　　　FAX　06-6877-1617
　　　　　URL：http://www.osaka-up.or.jp

印刷・製本　株式会社シナノ
装　　幀　佐藤大介（sato design.）
本文組版　小山茂樹（有限会社ブックポケット）

ⓒ The Museum of Osaka University 2018
Printed in Japan
ISBN 978-4-87259-524-6　C1353

JCOPY 〈出版者著作権管理機構 委託出版物〉
本書の無断複製は著作権法上での例外を除き禁じられています。複製される場合
は、その都度事前に、出版者著作権管理機構（電話03-3513-6969、FAX 03-3513-6979、
e-mail: info@jcopy.or.jp）の許諾を得てください。

大阪大学総合学術博物館叢書について

大阪大学総合学術博物館は、二〇〇二年に設立されました。設立目的のひとつに、学内各部局に収集・保管されている標本資料類の一元的な保管整理と、その再活用が挙げられています。本叢書は、その目的にそって、データベース化や整理、再活用をすすめた学内標本資料類の公開と、それに基づく学内外の研究者の研究成果の公表のために刊行するものです。本叢書の出版が、阪大所蔵資料の学術的価値の向上に寄与することを願っています。

大阪大学総合学術博物館

大阪大学総合学術博物館叢書・既刊

◆1　扇のなかの中世都市―光円寺所蔵「月次風俗図扇面流し屏風」　泉　万里

◆2　武家屋敷の春と秋―萬徳寺所蔵「武家邸内図屏風」　泉　万里

◆3　城下町大阪―絵図・地図からみた武士の姿―　鳴海邦匡・大澤研一・小林茂

◆4　映画「大大阪観光」の世界―昭和12年のモダン都市―　橋爪節也

◆5　巨大絶滅動物　マチカネワニ化石―恐竜時代を生き延びたワニたち―　小林快次・江口太郎

◆6　東洋のマンチェスターから「大大阪」へ―経済でたどる近代大阪のあゆみ―　阿部武司・沢井実

◆7　森野旧薬園と松山本草―薬草のタイムカプセル―　髙橋京子・森野燾子

◆8　ものづくり　上方〝酒〟ばなし―先駆・革新の系譜と大阪高等工業学校醸造科―　松永和浩

◆9　戦後大阪のアヴァンギャルド芸術―焼け跡から万博前夜まで―　橋爪節也・加藤瑞穂

◆10　野中古墳と「倭の五王」の時代　高橋照彦・中久保辰夫

◆11　漢方今昔物語―生薬国産化のキーテクノロジー―　髙橋京子・小山鐵夫

◆12　待兼山少年―大学と地域をアートでつなぐ〈記憶〉の実験室―　橋爪節也・横田洋

◆13　懐徳堂の至宝―大阪の「美」と「学問」をたどる―　湯浅邦弘